JN024765

口絵1　負極性落雷

雷雲の横から雷が出てくる青天（せいてん）の霹靂（へきれき）とも言う現象。

（提供 音羽電機工業株式会社 第16回雷写真コンテストから「背比べ」）

→ Q1, Q5, Q10, Q54 参照。

口絵2　鉄塔から発生した上向きで開始する雷放電（らいほうでん）

上向きの枝分かれが確認できる。

（提供 音羽電機工業株式会社 第4回雷写真コンテストから「寒雷」）

→ Q1, Q10 参照。

口絵3　雲放電（くもほうでん）

（提供 音羽電機工業株式会社 第12回雷写真コンテストから「スパイダーライトニング」）

→ Q1, Q5, Q13 参照。

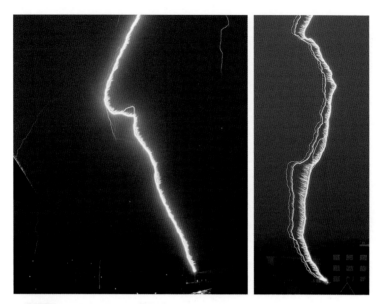

口絵4（左上） 落雷（お迎えリーダ）

（提供 音羽電機工業株式会社 第6回雷写真コンテストから「雷炎」）
→ Q1, Q7 参照。

口絵5（右上） リターンストローク

（提供 音羽電機工業株式会社 第11回雷写真コンテストから「無数の放電」）
→ Q1, Q8 参照。

口絵6 ロケット誘雷
→ Q1, Q50 参照。

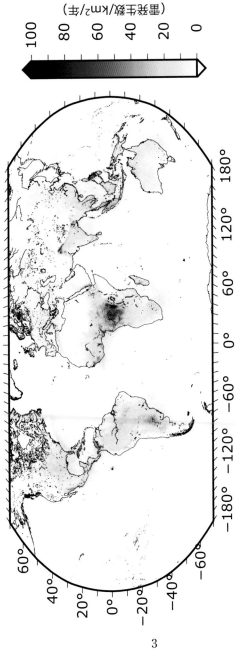

口絵7 世界の単位面積当たりの雷発生数（衛星観測によって得られたもの）

→ Q21 参照。

（雷発生数/km²/年）

100
80
60
40
20
0

3

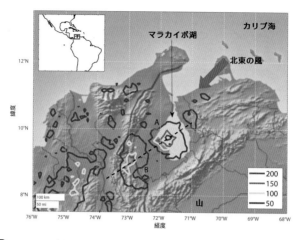

口絵8 マラカイボ湖周辺の単位面積あたりの年間雷発生数（雷発生数/km²/年）

雷のデータは衛星観測から算出。点線の断面の模式図を図22-1（Q22）に示す。
→ Q22 参照。

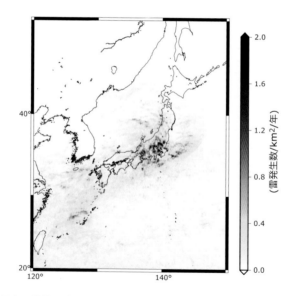

口絵9 日本の単位面積当たりの年間雷発生数（2018〜2020 年データを使用）

→ Q23 参照。

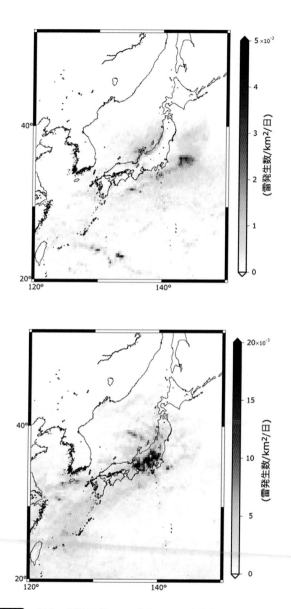

口絵10 日本の単位面積・1日あたりの雷発生数

上：夏6〜8月・下：冬11〜1月（2018〜2020年のデータを使用）
→ Q23 参照。

口絵11 国際宇宙ステーション ISS からみたスプライト（NASA, Expedition 44）

→ Q1, Q32 参照。

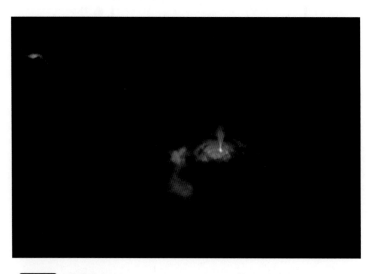

口絵12 国際宇宙ステーション ISS からみたブルージェット（DTU Space, ESA, NASA）

→ Q1, Q32 参照。

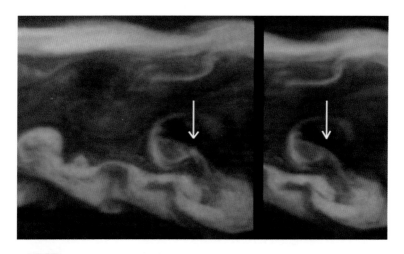

口絵13 探査機 Cassini が捉えた土星の日中における雷（NASA）

→ Q33 参照。

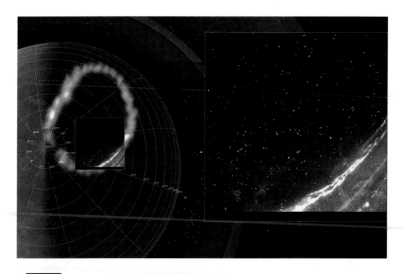

口絵14 木星における北極域で発生する雷とオーロラ（NASA/JPL-Caltech/
SwRI）

→ Q33 参照。

口絵15 桜島の噴火と同時に発生した火山雷

（提供 音羽電機工業株式会社 第10回雷写真コンテストから「燃え上がる桜島」）
→ Q1, Q28 参照。

口絵16 長野県黒姫駅付近で撮影された球電と思われるもの

→ Q30 参照。

みんなが知りたいシリーズ⑯

雷 の 疑 問
56

鴨川　仁・吉田　智・森本健志　共著

成山堂書店

本書の内容の一部あるいは全部を無断で電子化を含む複写複製（コピー）及び他書への転載は，法律で認められた場合を除いて著作権者及び出版社の権利の侵害となります。成山堂書店は著作権者から上記に係る権利の管理について委託を受けていますので，その場合はあらかじめ成山堂書店（03-3357-5861）に許諾を求めてください。なお，代行業者等の第三者による電子データ化及び電子書籍化は，いかなる場合も認められません。

はしがき

　空に突如として現れる数 km 以上にわたって広がる明るい光とゴロゴロという大きな音が聞こえてくるもの，それが雷です。雷は世界の多くの場所で発生する身近な自然現象で，その明るく激しい光（稲光），ゴロゴロという大きな音（雷鳴），そしてその美しさから，遥か昔から世界中の人々を魅了し，地域文化に根付いてきました。古代ギリシャでは，雷は全能の神ゼウスの怒りとされ，また日本でも風神と雷神は風水害除けや五穀豊穣の祈りを込められて祀られています。

　雷が科学的な研究対象となるのは今からおよそ 270 年前の1750 年頃からです。アメリカ独立にも大きな貢献をしたベンジャミン・フランクリンは，雷が電気現象であることを発見しました。それ以降，多くの科学者が雷の正体を解き明かすべく，野外観測・室内実験・理論研究を進め多くの謎を解いてきました。しかしながら，雷の未解明点はまだまだたくさん残されています。例えば，どうやって雷雲内に電気がたまるのか，何がきっかけとなって雷が始まるのか，など極めて基本的な問いでさえ，まだ完全には答えることができません。近年は観測技術の発展により，1 回の雷で水平方向に数百 km にも達する，従来では想像できない巨大な雷（メガフラッシュ）が観測されるなど新たな発見が続いており，さらに雷の新たな謎が生まれています。私たちにとって非常に身近な存在の雷ですが，まだま

だ分からないことがたくさんあります。

一方，落雷は数十 kA（キロアンペア）に達するような大電流を伴うため，落雷した人や地上建造物に大きな被害をもたらします。このため，いかにして落雷に遭わないようにするか，または落雷した場合に被害をいかに最小限に抑えるかという知識と技術も重要で，防災や耐雷の一分野としても研究が進められています。雷の理解は科学的な興味もさることながら，防災や耐雷は生きていくため，経済活動のために重要です。さらに雷は冒頭に挙げた文化的な社会とのつながりも欠かせません。このように一口に雷と言っても多種多様な切り口・興味があります。

本書では，雷に関する 56 の疑問をいろんな分野からピックアップし，その疑問に対して一つ一つ説明しました。（なおこの 56 の疑問の 56 は雷鳴のゴロゴロから来た語呂合わせです。）

本書は疑問を大きく 6 章に分けています。Section 1「雷」の正体，Section 2「雷」の特徴，Section 3 各地のさまざまな「雷」，Section 4「雷」から身を守る，モノを守る，Section 5「雷」に関するいろいろな技術，Section 6「雷」にまつわる歴史と文化，となっています。本書を通して雷や自然科学に対して理解や興味を深めるとともに，防災の知識を実生活に活用していただければ幸いです。

気象や電力関連の専門家や雷研究をされている学生の方々にもご興味いただけるように，従来の雷の書籍にはまず取り上げられないけれども，研究者だからこそ知っている興味深い最新のトピックを積極的に盛り込みました。その一方で，科学に興

味がある一般の高校生にもご理解いただけるようにできるだけ文を平易にし，全体的に読みやすく仕上げました。本書をお読みいただくと雷に関して新たな発見があるはずで，読者の皆様の雷に対する見方や考え方が大きく変わることを期待しています。

　なお，本書ではどこから読み始めても理解できるように配慮しました。例えば，（**Q2**）とある場合，**Q2**に詳しい説明がある，と言う意味で，そちらもご覧いただけるとより一層理解が深まります。本書の用語は，研究者で使っている普段用語ではなく，できるだけ一般の方が使用されている用語に合わせました。

　2021 年 7 月

筆者を代表して気象研究所　吉田　智　識す

執筆者一覧 (五十音順)

鴨川　仁 ……… Q6/Q17 〜 Q21/Q23/Q26/Q27/Q29 〜 Q34/
　　　　　　　 Q48/Q54 〜 56/column4,5/ あとがき

森本　健志 ……… Q14/Q24/Q25/Q35〜Q37/Q39〜Q45/Q47/Q50/
　　　　　　　　 Q51/column3

吉田　智 ……… はしがき, Q1〜Q5/Q7〜Q13/Q15/Q16/Q22/Q28/
　　　　　　　 Q38/Q46/Q49/Q52/Q53/column1,2

目　次

はしがき……………… i

執筆者一覧…………… iv

Section 1　「雷」の正体

Question　1 …………………………………………………… 2
雷って何？

Question　2 …………………………………………………… 7
雷雲はどうやって発生するの？

Question　3 ………………………………………………… 10
雷雲にはどうやって電気がたまっていくの？

Question　4 ………………………………………………… 14
雷は何がきっかけで始まるの？

Question　5 ………………………………………………… 17
雷にはどんな種類があるの？

Question　6 ………………………………………………… 20
雷の光っている場所はどうなっているの？

Question　7 ………………………………………………… 23
雷はどうやって雲から地上までやってくるの？

Question　8 ………………………………………………… 26
落雷はどうやって雲の中の電気を中和するの？

Question　9 ………………………………………………… 29
雷はなぜジグザグになるの？

Question　10 ………………………………………………… 32
地面から雷雲にむかって進む雷があるって本当？

column 1　世界最大の雷：Mega Flash ………………… 35

Section 2 「雷」の特徴

Question 11 ……………………………………… 38
どんな時に雷雲は発生しやすいの？

Question 12 ……………………………………… 41
どうして落雷と雲放電の違いがあるの？

Question 13 ……………………………………… 44
何が雷の種類を決めているの？

Question 14 ……………………………………… 47
稲光って何色？

Question 15 ……………………………………… 50
雷のゴロゴロはどうやって聞こえるの？

Question 16 ……………………………………… 53
雷から大気汚染物質が発生しているって本当？

Question 17 ……………………………………… 55
雷の電気はどこへ行くの？

Question 18 ……………………………………… 59
地上に雷が落ちると，その痕跡は残る？

Question 19 ……………………………………… 62
雷から放射線が出るのは本当ですか？

Question 20 ……………………………………… 65
大気中の放射性物質が増えると雷が多くなるというのは本当？
　column 2　雷のギネス記録 ……………………………… 68

Section 3　各地のさまざまな「雷」

Question 21 ……………………………………… 70
世界の雷分布は？

Question 22 ……………………………………… 73
世界一雷が発生するのはどこ？

Question 23 ……………………………………… 76
日本では年間に雷はどれくらい発生しているの？

Question 24 ··· 79
雷が起こる季節は？

Question 25 ··· 82
夏の雷と冬の雷，違いはあるの？

Question 26 ··· 85
雷は昔に比べて増えている？ 減っている？

Question 27 ··· 88
南極では雷が発生しないって本当？

Question 28 ··· 92
火山噴火と一緒に雷が発生しているって本当？

Question 29 ··· 95
地震と雷は関係あるの？

Question 30 ··· 99
火の玉は実在するの？

Question 31 ··· 103
世界の雷活動と地表の静電気はつながっているの？

Question 32 ··· 107
宇宙に雷はあるの？

Question 33 ··· 110
雷は地球以外の惑星でも発生するの？

Question 34 ··· 114
生命の起源には雷が関係しているの？
　　　column 3　雷の口笛 ······································ 116

Section 4 「雷」から身を守る，モノを守る

Question 35 ··· 118
落雷しやすい場所は？

Question 36 ··· 121
雷に撃たれたらどうなるの？

Question 37 ·· 124
建物や車は落雷しても安全なの？

Question 38 ·· 127
飛行機は落雷しても安全なの？

Question 39 ·· 130
遠くで雷鳴。避難のタイミングは？

Question 40 ·· 133
近くに逃げ込める場所がない時はどうすればいいの？

Question 41 ·· 136
落雷による被害者数や被害額は？

Question 42 ·· 139
避雷針の仕組みや効果は？

Question 43 ·· 142
雷サージって何？

Question 44 ·· 146
電力，通信，鉄道などインフラの雷対策は？

Question 45 ·· 149
家庭やオフィスの電化製品に有効な雷対策は？

　　column 4　日本最古の避雷針 ································· 152

Section 5　「雷」に関するいろいろな技術

Question 46 ·· 154
落雷の場所はどうやってわかるの？

Question 47 ·· 158
雷は宇宙からも観測されているの？

Question 48 ·· 161
雷の発生予測はできるの？

Question 49 ·· 165
雷から気象災害予測はできるの？

Question 50 ·· 168
雷を狙った場所に落とせるの？

Question 51 ┈┈┈┈┈┈┈┈┈┈┈┈┈┈┈┈┈┈┈┈┈┈ 173
雷は人工的に作れるの？

Question 52 ┈┈┈┈┈┈┈┈┈┈┈┈┈┈┈┈┈┈┈┈┈┈ 176
雷のエネルギーをためて使えるの？

Section 6 「雷」にまつわる歴史と文化

Question 53 ┈┈┈┈┈┈┈┈┈┈┈┈┈┈┈┈┈┈┈┈┈┈ 180
昔はどのように雷の研究を進めていたの？

Question 54 ┈┈┈┈┈┈┈┈┈┈┈┈┈┈┈┈┈┈┈┈┈┈ 185
雷を含むことわざはどういうものがあるの？

Question 55 ┈┈┈┈┈┈┈┈┈┈┈┈┈┈┈┈┈┈┈┈┈┈ 188
雷が多いと豊作になるというのは本当？

Question 56 ┈┈┈┈┈┈┈┈┈┈┈┈┈┈┈┈┈┈┈┈┈┈ 191
雷をきれいに撮りたい！
　　column 5　雷とおへそ ┈┈┈┈┈┈┈┈┈┈┈┈┈ 194

あ と が き ┈┈┈┈┈┈┈┈┈┈┈┈┈┈┈┈┈┈┈┈┈┈┈┈ 195
参 考 文 献 ┈┈┈┈┈┈┈┈┈┈┈┈┈┈┈┈┈┈┈┈┈┈┈ 198
索　　　引 ┈┈┈┈┈┈┈┈┈┈┈┈┈┈┈┈┈┈┈┈┈┈┈ 213
著 者 略 歴 ┈┈┈┈┈┈┈┈┈┈┈┈┈┈┈┈┈┈┈┈┈┈┈ 216

Section **1**

「雷」の正体

雷って何?

Answerer 吉田 智

1

「雷」の正体

　雷は雷雲中で発生した電気の放電現象です（**巻頭カラー口絵1〜6**）。まず初めに電気と放電について理解しましょう。目にする全ての物質は原子の集まりです（**図1-1**）。この原子は原子核と電子で成り立っていて，さらに原子核内部には陽子と中性子が存在しています。陽子と電子には電荷と呼ばれる電気の性質があり，それぞれプラス（正）電荷，マイナス（負）電荷を持っています。中性子は電気的には中性（プラスでもマイナスでもなく電荷がない）なので，陽子と中性子で作られている原子核はプラスの電気をもっています。自然界ではプラスの電荷は陽イオン（原子ないしは複数の原子が集まった分子から電子の一部がなくなったもの），マイナスの電荷は，電子ないしは陰イオン（原子ないしは分子に電子がいくつかがついたもの）で存在します。これらのプラスとマイナスの電荷はお互いに引き合い（引力），同じもの同士では反発する力（斥力）が働きます（クーロン力，**図1-2**）。電荷量（電気の量）が大きいほど，引力や斥力は大きくなります。

　身の回りのものの多くはプラスとマイナスの電荷が等量で，全体としては電気的には中性です。これに手を加えることにより，物質を電気的にプラスやマイナスの状態にできます。簡単な例では，下敷きをセーターに擦ることでセーターの電子の一部が下敷きに移動し，下敷きは電子が陽子より多くなるためマイナスの電気を帯び，セーターは電子が陽子より少なくなるのでプラスの電気を帯びます。この電気を持つことを帯電と言います。さらにプラスとマイナスに帯電した物質が十分近づいた時に，空気中を電子がプラスの電荷に飛び移ることがあり，プ

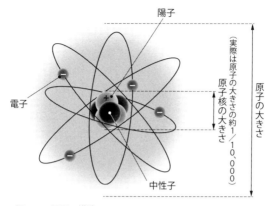

図 1-1　原子の構造
　内部が電子，陽子，中性子でできている。全ての物質は原子の集まりです。

力の方向

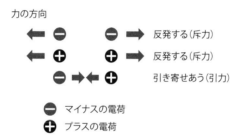

図 1-2　プラスの電荷とマイナスの電荷のクーロン力
　同じ極性（プラスないしはマイナス）のものは反発する力（斥力）が働き，違う極性のものは引き合う力（引力）がかかります。この力をクーロン力と言います。

ラスとマイナスが結合（中和）して無くなります。この時に火花が散ることがあり，放電と言います。セーターを脱いだ時のパチパチ，も放電です。雷雲内部または雷雲と地面の間で発生する，非常にスケールの大きな放電が雷です。雷はセーターのパチパチと同じく放電ですが，関連する電荷量が他と異なり圧

倒的に多いので，クーロン力も桁違いに大きくなり，それに伴う放電は，数 km 以上にわたり，激しい稲光とともに大きな雷鳴を轟かせます。なお数 km 以上に広がる雷ですが，その放電路（電流の流れる放電の道筋のこと）の幅はほんの数 cm，つまり指の太さ程度しかありません（**Q18**）。

落雷は雷雲から下向きに進み地面にまで達する放電（**口絵1**）です。発生数は少ないですが，地上の尖った場所（鉄塔や樹木の先端）から雲に向かって，上向きに進む放電もあります（上向き雷放電，**Q10**，**口絵2**）。上向き雷放電は，東北や北陸の日本海沿岸部の冬にたびたび発生します（**Q24**，**Q25**）。落雷とは異なり，雲の中だけの放電を雲放電と呼びます（**Q5**，**口絵3**）。その他，雷類似の現象として，雷雲と宇宙の間で発生する雷に関連した放電・発光もあります（**Q32**，**口絵11**，**12**）。

以上は雷雲内で発生する自然の雷ですが，人為的に雷を発生させる技術もあり，雷研究の進歩に大きく貢献してきました。地上から雷雲に数 m の小型ロケットを上げるロケット誘雷（**口絵6**）や強力なレーザー光を照射するレーザー誘雷が，人工的に雷を発生させる代表的な技術です（**Q50**）。地上の実験室内で2点間に強い電圧をかけることにより，小規模ながらも擬似的な雷を発生させることができます（**Q51**）。

ここまでは雷雲中で発生する雷を紹介してきました。一方で，火山噴火によって発生する火山雷もあります（**Q28**，**口絵15**）。国内では桜島や新燃岳で火山雷が発生することが知られています。このように雷にはいろんなタイプがあります。

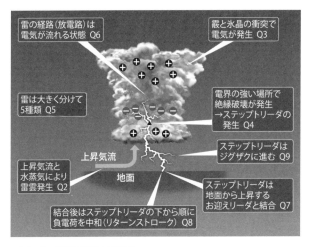

図1-3 負極性落雷の諸過程

　ここでは雷雲内で発生する負極性落雷（**Q5**）を例に取り，そのメカニズムを紹介します（**図1-3**）。雷はどんな雲でも発生するのではなく，強い上昇気流がある雷雲（**Q2**）で発生します。雷雲内で，霰（大きな氷）と氷晶（小さな氷）が衝突して電気が発生します（**Q3**）。空気は通常は電気が通らない物質ですが，雷雲内に十分な電気が蓄積すると，雷雲内のプラスとマイナスの電気の間で絶縁破壊が発生します（**Q4**）。絶縁破壊とは，電気を通さない絶縁体である空気が，電気を通す状態（プラズマ）になることです（**Q6**）。雷雲内で発生したプラズマは上下方向に伸びていきます。このプラズマが伸びていく状態をリーダと呼び，地面に向かうリーダは進んだり止まったりすることからステップリーダと呼ばれます。ステップリーダはジグザグに地面方向へ伸びていき（**Q9**），地面付近に達すると地面から上向きにプラズマ（お迎えリーダ）が発生し，ステップリーダとお迎えリーダが結合して，雷雲内電荷と地面

が電気的につながります（**Q7**）。つながった放電路を通して雷雲内電荷が中和され大電流が流れます（**Q8**）。この時に明るく光り，目にしている稲光はこの大電流による光です。

雷雲はどうやって
発生するの？

Question **2**

Answerer 吉田　智

　雷の多くは入道雲のような背の高い雷雲で発生します。雷雲の発生・発達には上昇気流が不可欠です。上昇気流とは読んで字の如く，「上へと上がっていく空気の流れ」のことです。10分間でも発達中の雷雲を眺めていると，雷雲が上へ上へと成長していることを確認できます。これが雷雲内部に上昇気流がある証拠です。雷雲中の上昇気流は毎秒20m（時速72km）以上に達することもあり，自動車程度の速度があります。雷雲内でこの上昇気流が弱まり，下降気流が雷雲の大半を占めると，雷雲は徐々に衰退し最終的に消滅します。多くの雷雲で発生してから消滅するまで，30分から1時間程度です。

　雷雲がたびたび発生する夏では，日中の地面付近の気温は30℃以上になります（**図2-1**）。地面近くは暑いのですが，高度が上がると地表より気温が下がります。これは高い場所では気圧が低下するためです。夏の登山では登山口では暑くても，頂上では涼しいのもこのためです。高度が上がると太陽に近くなるので暑くなると思うかもしれませんが，太陽と地球の距離は雲の高さより非常に大きいため，太陽との距離は全く関係ありません。夏の場合，通常高度5kmあたりで0℃となり，大きく成長した雷雲の頂上（高度15kmくらい）では−50℃以下にもなります。猛暑日で地面近くは暑くとも，非常に発達した雷雲の頂上では南極なみの寒さです。

　雷雲は地面付近から上昇気流が発生することから始まります。例えば，真夏の日射により地面が熱せられた場合，地面付近の空気が温められ軽くなり，上昇気流を作り出します。この上昇気流が上に上がるにつれ，気圧が下がるため気温が下がります。

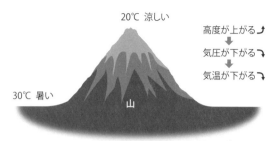

図 2-1　高度と気圧，気温の関係

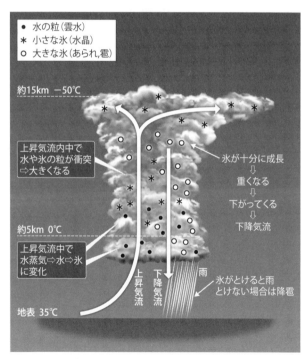

図 2-2　雷が多く発生する時期の雷雲の内部

下がった後の気温が周りの気温よりも暖かい場合，さらに浮力を得て高度が上がっていきます。上昇気流が大量の水蒸気を含んでいれば，水蒸気や水が凝結や凝固した時により出る熱（潜熱）が上昇気流を温めるため，より浮力を得やすく強い上昇気流となります（**Q11**）。

　上昇気流内では，水蒸気が凝結した小さな水粒（雲水）が雲を形成します。さらに高度が高くなり気温が0℃以下となると，雲水の一部は凍りはじめ，小さな氷（氷晶）ができ始めます（**図 2-2**）。気温0℃以下でも小さな雲水はすぐには凍らず，全ての雲水が氷になるのはおよそ−40℃です。気温0℃以下の高度で，凍らない雲水を過冷却水と言います。

　上昇気流中の氷晶は，他の氷晶や過冷却水と衝突することにより，次第に大きくなり，最初は1 mmに満たない氷晶も，場合によっては米粒程度の霰やゴルフボール程度の雹となります。上昇気流中の氷が大きくなると重くなるので，やがて上昇気流で支えられなくなり落ち始めます。落ち始めると周囲の空気も一緒に下へ引きずるので下降気流が発生します。最初は上昇気流だけだった雷雲も，こうして次第に下降気流が増えてきます。下降気流の中の霰や氷晶が落下し，途中で溶けて地上に雨として降り注ぎます。下降気流と強い上昇気流が混在するような段階では，霰と氷晶の衝突が多く発生し，衝突した氷晶と霰が，それぞれマイナスとプラスの電気を帯びます（**Q3**）。これが雷雲の電気の発生です。下降気流の影響などにより上昇気流は弱くなり，最終的には，雷雲は衰退して消滅します。

・QR コード ▨ から，関連動画が視聴できます。

雷雲にはどうやって電気がたまっていくの？

Answerer 吉田 智

1

　雷は電気の放電（**Q1**）なので，その放電の源となる電荷が雷雲の中に存在している，つまり，雷発生の直前には雷雲が帯電して電荷が分離した状態です。雷雲は大小さまざまな水や氷の粒により構成されています（**Q2**）。雷雲の氷の粒がプラスやマイナスに帯電することにより，雷雲の内部がプラスやマイナスに帯電しています。

　雷雲内の電気の量（電荷量）は実際の雷や雷雲の観測から数十C（クーロン）ということが知られています。この「C」というのは電荷量を表す単位で，1Cでも相当な電荷量となります。例えば，1m離れて＋1Cと－1Cを置くとその間にはおよそ100万トンの重さを持ち上げるだけの力でお互いが引き合います。雷が発生している積乱雲にはそれだけの力を及ぼす大量の電荷が存在しています。

　では，どのようにして大量の電荷が積乱雲の中に発生するのでしょうか。これは，長らく研究者の大きなテーマの一つであり（**Q53**），解決された部分もあるものの，いまだに雷研究者の中でも議論が割れています。ただし，研究者の共通認識として，着氷電荷分離機構が大きな役割を果たしていそうです。着氷電荷分離機構では，雷雲の中で霰と氷晶が，約－10℃～－30℃の気温で，かつ，大気中の水の量（雲水量）がそれほど多くない，という条件下で衝突すると，霰はマイナスに帯電し，氷晶はプラスに帯電します（**図3-1**，**図3-2**）。この条件下では，霰の表面が固いため，衝突により小さい方の氷晶が分裂します。衝突の瞬間に，衝突により生成された陽イオンと陰イオンは，高温である霰から低温の氷晶に向けて拡散（熱拡散）します。

図3-1　着氷電荷分離機構
　上昇気流内で−10℃から−30℃で霰と氷晶が衝突すると，氷晶がプラス，霰がマイナスに帯電する。

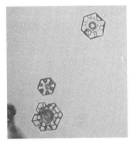

図3-2　着氷電荷分離で重要な働きをする氷晶と霰の写真（提供　気象研究所　荒木研究官）
　（左）氷晶。大きさは0.1mm程度。（右）霰。大きさは2mm程度。

陽イオンの方が陰イオンよりも移動する速度（移動度）がずっと大きいので，氷晶の霰から遠い方の端（**図3-1**中では氷晶のA側）へより多くの陽イオンが移動し，他方氷晶の霰に近い端（**図3-1**中では氷晶のB側）には陰イオンが多くなります。この後氷晶が分裂すると，氷晶のA側は陽イオンが多い状態（プラスに帯電）で大気中に放出され，B側は陰イオンが多い状態で霰に負電荷を与えたのち分離するので，結果として霰がマイナスに帯電します。簡単に言うと，衝突の瞬間に霰と氷晶の温度差による熱拡散により，霰から氷晶に向かって微弱電流

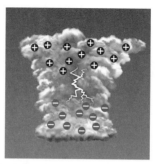

図3-3　正電荷領域と負電荷領域の形成
　　　　雲の上部にプラス，下の方にマイナスの電気がたまる。雲放電が発生し始める。

が流れ，結果として霰がマイナス，氷晶がプラスに帯電します。

　下敷きをセーターに擦りつけると，セーターがプラスに帯電し，下敷きがマイナスに帯電します（**Q1**）。この実験と比較すると，下敷きが霰，セーターが氷晶に対応します。霰と氷晶の衝突で，霰がマイナス，氷晶がプラスに帯電した後，霰は大きく重いので雷雲の下の方に集まります。一方で小さな氷である氷晶は軽いので雷雲内の上昇気流によって雷雲の上方まで吹き上げられます。その結果，**図3-3**のように，雷雲の上の方はプラスに帯電した氷晶が集まりプラスの電気を帯びた領域（正電荷領域）を形成し，下の方はマイナスに帯電した霰が集まってマイナスの電荷領域（負電荷領域）を形成します。この状態になると，正と負の電荷領域間で雷雲内だけで終わる雲放電（**Q5**）が発生し始めます。雷雲内の霰，氷晶，上昇気流のたった三つだけで，雷を起こすことのできる膨大な電荷が発生しています。

　落雷が発生する雷雲では，負電荷領域の下に小さな正電荷領域がある場合が多いことが観測結果から確かめられています（**図3-4**，**Q12**）。このような電荷分布を三重極分布と言い，上からメイン正電荷領域，メイン負電荷領域，ポケット正電荷領

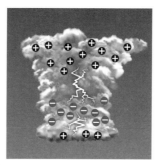

図3-4 三重極分布
　図3-3に加えてさらに下にプラスの電気がたまる。この状態になると雲放
　電に加え落雷が発生し始める。

域と呼び，一般的な雷雲の電荷の分布（電荷構造）です。ポ
ケット正電荷領域の電荷量はメイン正電荷領域やメイン負電荷
領域よりもかなり小さいのですが，落雷が発生するためには必
要であると考えられています。

　ではこの落雷を引き起こすポケット正電荷領域はどのように
して発生したのでしょうか？　ポケット正電荷領域は概ね
−10℃より高温領域に存在します。着氷電荷分離機構による
とこの温度条件下で霰と氷晶が衝突すると，霰がプラスに，氷
晶がマイナスに帯電します。（陽イオンと陰イオンの移動度の
違いから，霰の表面の水膜には陰イオンが多くなります。衝突
時に氷晶が霰の水膜の陰イオンを取り去るため，結果として霰
はプラス，氷晶はマイナスに帯電します。）このプラスに帯電
した霰がポケット正電荷の担い手となります。ポケット正電荷
の生成メカニズムは，今でも研究者間で意見の分かれるところ
で，少なくとも着氷電荷分離機構以外にも複数の説があります。
どの説が正しいのか現状ではわかりませんが，この雷雲下層の
ポケット正電荷領域の発生メカニズムがわかれば，落雷を引き
起こす危険な雷雲を事前判断することが可能となるかも知れず，
研究者の中でもホットな話題の一つであります。

雷は何がきっかけで始まるの？

Answerer 吉田　智

　霰と氷晶の衝突により，雷雲内にプラスとマイナスの電荷が十分たまると（**Q3**），雷が発生します。雷が発生するのは，**図4-1**中の点Aや点Bなど正と負の電荷領域の間です。点Bにある電子（マイナスの電荷）は，上側に負電荷領域があるため下向きの力（斥力）が働き，下側には正電荷領域があるため，同じく下向きの力（引力）が働きます（**Q1**）。上下の電荷領域から同じ方向の力を電子は受けるため，大きな力を電子が受けます。一般的に，電荷が存在するとその周囲の他の電荷に力を与えることのできる空間（電界）が発生します。電界が強い地点に電荷が存在すると，大きな力が発生します。雷雲の正負電荷間は非常に電界が強い場所となります。

　点Aや点Bなどの強い電界の領域に電子が入ってくると，電子は正電荷領域の方向に力が働き加速します。電界が十分強く，力が非常に強いと，非常に速くなった電子が空気分子にぶつかり分子から電子をはじき飛ばして，分子をイオン化し，電子の数を増やしていきます。最初はたった一つの電子でも，次々に空気分子をイオン化し，電子が増えていきます。この電子が爆発的に増える現象を電子雪崩と呼び，空気がプラズマと呼ばれる陽イオンと電子が混在した状態になります（**Q6**）。電気をほとんど通さない絶縁体の空気も絶縁が破壊（絶縁破壊）され，電気が通る状態になります。このプラズマの状態がその後，どんどん伸びていき，これが最終的に雷になります。つまり雷が発生するには，空気中の電子雪崩を起こせるほど，雷雲の電界が強いことが条件です。

　どの程度電界が強ければ，電子が十分に加速され，電子雪崩

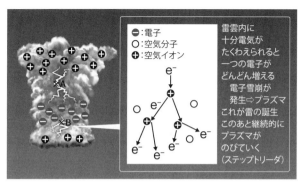

図 4-1　雷雲で発生する電子雪崩
　　　×のところが電界が強く，雷が発生しやすい。

が発生するのか？これは実験室で確かめられます。実験室で電界を徐々に強めていき，電子雪崩が発生する電界の強さを調べれば，その実験結果を用いて雷雲内で必要な理論的な電界の大きさを求めることができます（**Q51**）。多くの研究者が現実の雷雲でも地上実験から得られる理論上の電界が存在することを証明するために，電界を測る装置を載せた気球を雷雲内に飛ばして，雷雲内の電界を計測しました。しかしながら，実際の雷雲中の電界は雷発生の直前でも理論的に必要とされる電界の10分の1程度しか観測されませんでした。そんな弱い電界でなぜ雲の中で電子雪崩が起こっているのでしょうか。この問題は長らく研究者を悩ませてきました。

　そこに風穴を空ける逃走絶縁破壊理論が登場しました。この理論が出る前までは，電子雪崩を引き起こす最初の電子はエネルギーのほとんどない電子，という仮定でした。新しい理論では最初の電子が光速ほどの非常に速い高エネルギー電子であれば，気球で実際に観測した弱い電界でも電子雪崩が発生します。逃走絶縁破壊理論でも問題点があり完全な理論ではないですが，有力な説の一つです。

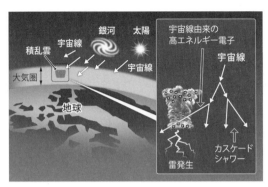

図 4-2　高エネルギー電子の供給源の一つである宇宙線
遥か彼方からやってきた宇宙線が雷を引き起こしているか
もしれない。

　では，この逃走絶縁破壊により電子雪崩が発生しているとした場合，最初の高エネルギー電子はどこからやってきたのでしょうか？高エネルギー電子の供給源の一つとして宇宙線があります（**図 4-2**）。宇宙線というのは宇宙からやってくる高エネルギー素粒子のことで，太陽や遠く離れた銀河からもやってきます。この宇宙線が地球の大気圏に入ると分裂し（カスケードシャワー），ちょうど雷が発生する高度あたりで，高エネルギー電子が多数発生します。つまり，逃走絶縁破壊理論によると，遥か数十億光年先の銀河から，たまたま地球にやってきた宇宙線が，たまたま雷雲の電界の強い領域に到達して，雷を発生させているかもしれないということです。何億光年と離れた宇宙の彼方からやってきた宇宙線が雷を引き起こしているとすれば，雷は非常に大きなスケールの現象と考えることも可能です。

雷にはどんな種類が
あるの？

Answerer 吉田　智

　雷は大きく分けて，雷雲と地面の間の放電（落雷など）で4種類と雷雲内部だけの放電（雲放電）があり，全部で5種類あります。まずは落雷に代表される，雷雲と地面の間の放電からご紹介します。このタイプは雷雲内の電荷領域と地面の間が放電路でつながり，雷雲内電荷が中和される雷です（**図5-1**）。落雷の場合，雷雲内でリーダが発生し，下向きにリーダが伸び，最終的に地上に達します。リターンストローク（**Q8**）で中和される雷雲内の電荷の極性で，落雷はさらに二つに分けられます。それぞれ雷雲内のマイナス（負）電荷を中和する負極性落雷，プラス（正）電荷を中和する正極性落雷です（**図5-1a, 1b**）。**巻頭カラー口絵1**は負極性落雷の例で，**口絵1**のように雷雲から大きく離れた地点に落雷する場合があります。落雷地点付近に立っている人にとっては，上空には雷雲がなく晴れているのに落雷が発生したように感じます。このような落雷を晴天の霹靂と呼ぶことがあります。（霹靂は雷のこと。滅多に起こらないことの例え。**Q54**）。

　雷雲と地面の間の放電には，地上の尖った場所（鉄塔や樹木の先端）でリーダが発生し，雷雲に向かって上向きに伸びていき，雷雲内の電荷を中和する雷があります（**Q10**）。この雷は上昇する様から，上向き雷放電と呼びます（**図5-2c, 2d**）。（「上向き雷」や「上向き落雷」と呼ぶこともあります。）上向き雷放電も落雷と同様に，雷雲内の中和した電荷の極性で2種類に分けられ，雷雲のマイナス（負）電荷を中和するものは上向き負極性雷放電，プラス（正）電荷を中和するものは上向き正極性雷放電です。

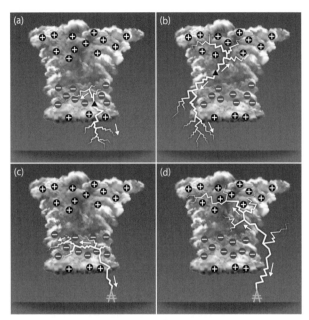

図 5-1　雷雲と地面の間の 4 種類の放電
　　　(a)負極性落雷。(b)正極性落雷。(c)上向き負極性雷放電。(d)上向き正極性雷放電。矢印でリーダの進展方向，▲で雷の開始点を示す。ただし(c, d)では開始点は地上の鉄塔なので▲は省く。

　以上は雷雲と地面の間の放電の説明でしたが，雷雲内で放電が完了する場合もあり，雲放電と呼びます（**口絵 3**）。雲放電は雷雲内の正と負の電荷領域間が電気伝導の高いリーダによって電気的につながり，雷雲内の正と負の電荷を中和します。雲放電は一つの雷雲内で発生する雲内放電（**図 5-2（a）**）と，複数の雷雲にわたって発生する雲間放電（**図 5-2（b）**）と分けて呼ぶこともありますが，両者を区別せず雲放電と呼ぶことが多いです。雲放電は，雷雲内部の放電なので，地上に災害をもたらすことは基本的にありません。成長した雷雲では，上昇気流の強い場所で雲放電の発生数が飛躍的に上昇する場合がありま

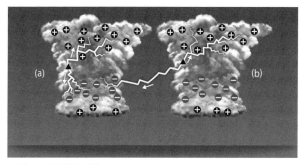

図 5-2　雲放電の例
　実線が放電路，▲が雷の開始点を示す。(a)雲内放電，(b)雲間放電，
と呼ぶこともある。

す。この特徴を使って，雲放電を観測して雷雲内の危険な上昇
気流が強い場所を把握することが可能で，雲放電観測を用いた
気象災害予測につなげる研究も進められています（**Q49**）。

　雷の多く発生する夏の場合，発生する雷の大部分（7割から
9割）は雲放電です。雷雲と地上の間の放電のうち，負極性落
雷が約9割で最も多く，正極性落雷が1割程度，上向き雷放電
は正極性・負極性，ともに1％以下です。上向き雷放電が少な
いのは，山頂など限られた場所・条件でしか発生しないことが
原因です。一方，負極性落雷と正極性落雷は同じく落雷ですが，
発生割合に大きな差があります（正極性：負極性＝1：9）。
この原因は，正極性落雷よりも負極性落雷が発生しやすい電荷
構造（**Q3**）を持った雷雲が，より頻繁に発生しているのがそ
の理由の一つと考えられます。つまり，夏によく発生する雷雲
は，三重極構造（上から，正，負，正で縦に電荷が並んだ状
態）が多く，その電荷構造では，正極性落雷よりも負極性落雷
が発生しやすいため，このような発生数の違いが生じている，
と考えられます（**Q12**，**Q13**）。

雷の光っている場所は
どうなっているの？

Question 6

Answerer　鴨川　仁

　雷では大気がプラズマ化することで発光します。それではプラズマとはなんでしょうか。まず，私たちの日常では，あらゆる物質は固体，液体，気体（まとめて物質の三態と言う）のいずれかになっていることはわかるでしょう。水分子を例にとるならば，固体は氷，液体は水，気体は水蒸気と呼んでいます。この固体，液体，気体の状態は，物質が持つエネルギー，わかりやすく言うならば温度（熱）で決まります。もちろん冷却，加熱をすることで液体の水を氷，あるいは水蒸気のように物質の状態を変えることができます。同様に，電子レンジから発せられるような電磁波でも物質にエネルギーを与えることができます。物質を構成する原子や分子がきれいに配列している状態が固体であり，安定した状態となっています（**図 6-1**）。それが加熱されると，秩序だった配列ではなくなります。分子や原子が自由に動き回るが離れ離れにはならない状態が液体で，さらにエネルギーを与えると，分子ないし原子がバラバラになって気体となります。そこでさらにエネルギーを与えてみるとどうなるでしょうか？分子や原子を構成するプラスの電気を持った原子核とその周りのマイナスの電気を持った電子が，与えられたエネルギーによってバラバラになってしまいます（**図 6-1**）。この陽イオンと電子が分離した状態をプラズマと呼びます。私たちの生活圏では物質を構成する分子や原子がプラズマ状態となることはまれです。このプラズマの状態は物質の三態とは異なる状態ですから物質の第四の状態と言うこともあります。

　プラズマ状態は一見，一つ一つの粒子がバラバラに自由に動

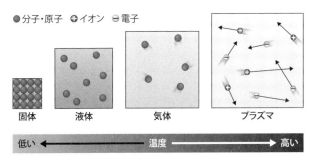

●分子・原子　⊕イオン　⊖電子

固体　　液体　　気体　　プラズマ

低い　←──　温度　──→　高い

図6-1　固体，液体，気体，プラズマの物質の構造

ける状態となっているという点で気体に類似しているところも
ありますが，気体とはまったく異なる性質もあります。例えば，
粒子が電気を帯びているので電気を流す性質があります。また，
プラズマ化の際には分子や原子が高いエネルギーを受け取って
電子や陽イオンとなりますが，その後，受け取ったエネルギー
を放出して気体分子や原子にもどることがあります。その過程
で，一部のエネルギーが光（電磁波）として放出されるためプ
ラズマは光って見えます。

　雷は自然界で見ることができる大気がプラズマ化したもので
すが，他にも自然界で見ることのできるプラズマがあります。
高緯度地方で見られるオーロラもその一つです（**Q27**）。地磁
気の極が近い高緯度地方は宇宙からやってくる高いエネルギー
の粒子が大気に入り込みやすくなっています。この高エネル
ギー粒子の振り込みに伴って，高緯度地方の高高度の大気のプ
ラズマ化が進み，発光すると，オーロラとして観察されます。
一方，電子レンジで強い電磁波を当てることで空気をプラズマ
化させることができます（**Q30**）。私たちの住んでいる地表大
気でもこのようなプラズマを見ることができますが，一般の家
庭の電子レンジでの実験は危険ですから，読者の皆様は真似は

禁物です。自然界には大気のプラズマ化が起因となっている可能性があるとされる地震発光（**Q29**）や球電ないしは球雷（一般ではしばしば火の玉と呼ばれる）（**Q30**）が報告されていますが，科学的計測以前に，写真の存在すらまれで，現象の存否も明確にはわかりません。しかし，電気が発明される以前の文献にも多数の記録が残されています。近い将来このようなまれな現象も決定的な証拠が見つかるかもしれません。

　雷は空気，なかでも酸素分子や窒素分子の原子核と電子を引き剥がしてしまうほど空気に電気的エネルギーを与えます。一つの雷の発光時間は1秒にも満たない数十μ秒（マイクロ秒：μs，100万分の1秒）程度ですが，雷のプラズマの温度は約3万℃あります（**Q15**）。発光強度が大きいリターンストローク（**Q5**）では大気の1割ほどがプラズマ化しています。

雷はどうやって雲から地上までやってくるの？

Answerer 吉田　智

　雷雲の中で最初のプラズマ（**Q6**）が正と負の電荷領域間で発生することにより雷が始まります（**Q4**）。このプラズマの両端は，雷雲内の強い電界で伸びています。**図 7-1** は三重極分布と呼ばれる雷雲内の典型的な電荷分布（**Q3**）で，×印で最初のプラズマが発生した場合を考えます。プラズマの上側に雷雲の負電荷領域，下側に正電荷領域があり，それぞれがプラスの電荷（正電荷），マイナスの電荷（負電荷）を引き寄せます。そのため，プラズマ上端には正電荷（酸素，窒素の陽イオン）が多くなり，プラズマの下端で負電荷（電子）が多くなります。その結果，プラズマの両端で電界が強くなり，電子雪崩（**Q4**）が発生し，プラズマは上と下の両方向にさらに伸びていきます。

　この伸びていくプラズマをリーダと呼び，**図 7-1** の場合上側は先端に正電荷が多いので正リーダ，下端は負電荷が多いので負リーダと呼びます。この正と負のリーダは逆方向に進んでいきます。負リーダは進んで止まるを繰り返して進むことが知られており，この様子からステップトリーダと呼ばれています（**Q1**）。ただし止まっている，と言っても数 μ 秒程度という短時間です。ステップトリーダは停止時間を含めて秒速約200km の速度で進みます。

　正リーダは雷雲の負電荷領域へ伸びていき，最終的には雷雲内の負電荷を中和します。反対側の負リーダは逆に，正電荷領域へ進んだ後，雷雲内の正電荷を中和します。これだけで中和が終了すると，雲の中だけで中和が終わる雲放電です（**Q12**）。

　負リーダが正電荷領域を中和したのち，雷雲の外に出て，地面まで到達した場合，到達した地点が落雷地点となり，リター

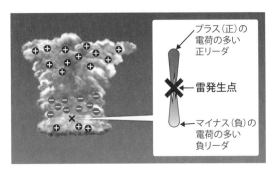

図7-1　プラズマの発生と正リーダ, 負リーダの成長

ンストロークと呼ばれる大電流が発生ます（**Q8**）。

　ステップトリーダが地面に到達するまでを細かく見てみましょう（**図7-2**）。**図7-2a** はステップトリーダが雷雲下部から下向きに進んできたところです。さらにステップトリーダが地面に近づくと，ステップトリーダ先端の負電荷により，地上の先端部（鉄塔，樹木の先端など）で，電界が強くなります。この強まった電界によって地上先端部から上向きにプラズマ（通称，お迎えリーダ）が複数発生し，ステップトリーダに向かって伸びていきます（**図7-2b**）。お迎えリーダのうち，最初にステップトリーダに到達したお迎えリーダとつながると，お迎えリーダが発生した場所に落雷します（**図7-2c**）。

　巻頭カラー口絵4は撮影場所から 50m 先の電柱への落雷です。ステップトリーダへ向けて，上向きのお迎えリーダが複数あり，最初にステップトリーダに接続したのが，写真右下の電柱から発生したお迎えリーダだったので，電柱に落雷しました。リターンストローク（**Q8**）の光が非常に明るいため，ステップトリーダとつながったお迎えリーダは，この写真では確認することができません。**口絵4**には，別のお迎えリーダが非常に暗いですが写っています（写真下端中央より少し左寄り）。こ

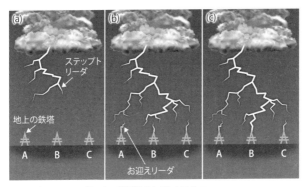

図 7-2　ステップトリーダが地上に達するまで
　　(a)雷雲からステップトリーダが枝分かれしながら降りてくる。
　　(b)ステップトリーダは下へ延びていき，地上付近になると地上の
　　高い部分（ここでは鉄塔）からお迎えリーダが出てくる。この事例
　　ではA，B，Cの三つの鉄塔から発生。(c)ステップトリーダはその
　　うちの一つとつながり，その地点に落雷する。ここではBの鉄塔に
　　落雷。鉄塔AとCのお迎えリーダはその後周囲の電界が弱まると消
　　滅。

のお迎えリーダは，建物の屋根から伸びたようですが，落雷地
点から伸びたお迎えリーダが先にステップトリーダに到達した
ため，このお迎えリーダだけが残って写っています。この写真
のように至近距離で落雷を撮影すると，まれにこのような落雷
に至らなかったお迎えリーダを撮影できます。ステップトリー
ダと地面側から上がってきたお迎えリーダがつながることに
よって，リーダを介して，雷雲内の電荷は大地と電気的につな
がり，雷雲内の電荷が中和されます。

落雷はどうやって雲の中の電気を中和するの？

Answerer 吉田　智

　　雷雲で発生したステップトリーダが地面付近まで伸びてくると，地面からお迎えリーダが上向きに複数発生します。そのうちの一つがステップトリーダとつながると，雷雲内の電荷と大地が電気的につながります（**Q7**）。ステップトリーダやお迎えリーダが通った経路は，プラズマ化されており電気を流すことができます（**Q6**）。このプラズマ化された放電路に大電流が流れ，雷雲の電荷を中和する現象（雲から地表への放電経路を通って雷雲中の電荷が流れること）をリターンストロークと呼びます。

　　どのように中和するのかは，はっきりしたことはわかっていませんが，研究者内では概ね以下のように理解されています。負極性落雷の場合，ステップトリーダはプラズマ状態で，かつ，電子がたくさん蓄えられている状態です。ステップトリーダがお迎えリーダを介して地面とつながると，ステップトリーダ内の電子は下の方から，つまり地面に近い方から，電子が下向きの力を受けて地面に流れていきます。下側の電子が流れると次はその少し上の電子が下向きの力を受けて地面に向かって流れ，そしてまたその少し上の電子が…，というように下から順に電子が流れていきます。放電路の電子が下向きに力を受けて急加速すると気温が急上昇し明るく光るため，高速ビデオカメラで撮影すると明るい光が地面から上に進んで見えます。明るい光の上昇スピードは光の速度（秒速30万km）の3分の1から2分の1程度と非常に速いです。

　　図8-1にリターンストロークの光が上昇する様子を示します。高速ビデオカメラで撮影した落雷の画像で**図8-1a〜1c**で

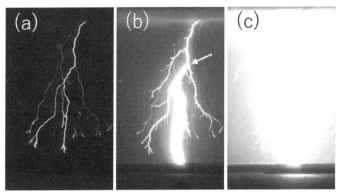

図 8-1　ステップトリーダが地上に達する直前(a)からリターンストロークが
地上から雷雲まで上昇する様子(b,c)。
(a)リターンストローク発生直前。(b)地上から上昇したリターンストローク
の明るい光が，矢印で示した場所まで達している。(c)リターンストローク
の光が雷雲内まで到達し全体が明るく光っている。((a)～(c)は 67μ 秒ごと
に撮影)

　それぞれ 67μ 秒ごとに写真を撮ったと考えてください。**図
8-1a** ではステップトリーダが地面につながる直前です。その
67μ 秒後の **図 8-1b** ではステップトリーダが地面につながり，
地面から矢印のあたりまでが明るく光っています。これが雷の
経路に存在した電子が下向きに急加速されることにより上向き
に進む明るい光です。さらに 67μ 秒後の **図 8-1c** ではリターン
ストロークの明るい光がさらに上昇し，雷雲内まで到達してい
ます。この様にリターンストロークの光は地面から雷雲まで上
昇します。
　電流の向きの定義はプラスの電荷の進む方向です。電子はマ
イナス電荷を持った素粒子なので，電子の進む方向と逆方向が
電流の向きとなります。リターンストロークで実際に起こって
いる現象はステップトリーダ内の電子が下の方から順に下方向
へ流れているのですが，電流の定義に従うと地面から雷雲の電

荷領域に向かって電流が流れていることになります。

　夏の場合，1回の落雷で通常4，5回のリターンストローク
が発生します。**巻頭カラー口絵5**は近くに落雷した時の写真で，
ほぼ同じ形状をした4本の明るい光の筋が見えます。この4本
の光の筋は全てリターンストロークによる光で，4回のリター
ンストロークが発生しています。この4回のリターンストロー
クが1回の落雷であることは，全て同じ地点に落雷しているこ
とからわかります。リターンストロークに流れる放電路が，風
によって右から左に流されたため，このように4本に分かれて
見えています。右から順に1回目，2回目，3回目，4回目の
リターンストロークとなります。落雷を肉眼で見ると，数回瞬
いたように見えることがあります。瞬きの一つ一つがリターン
ストロークで，瞬きの回数がリターンストロークの数となりま
す。

　この写真をよく見ると，1回目と3回目のリターンストロー
クには，左斜め上方向にのびる髭のような光の細い筋が無数に
あります。これはリターンストローク後に発生した数十から数
百Aが流れる連続電流という現象で，リターンストロークより
も長く続き（およそ数m秒（ミリ秒：ms, 1000分の1秒））
風に流されるので，このように髭のように見ることができます。
この写真では，1回目の連続電流のほうが3回目より明るく見
えるので，1回目の連続電流の方が電流は大きく，継続時間も
長かったと推定できます。

雷はなぜジグザグに
なるの？

Answer　吉田　智

　雷は枝分かれをしながらジグザグに進みます。これも雷の特徴の一つです。落雷や雲放電(くもほうでん)の写真（**巻頭カラー口絵1〜3**）でもその様子がはっきりとわかります。**図9-1**はステップリーダが地上に到達する直前を高速ビデオカメラで捉えた画像です。ステップリーダが複雑に枝分かれし，ジグザグに地面付近まで近づいています。

　落雷の場合，雷雲内で最初の放電が発生した後，数mから数十m進んで数μ秒の停止を繰り返すステップリーダが，大気をプラズマ化しながら進みます（**Q7**）。ステップリーダがジグザグに進むので，結果的に雷はジグザグに進む様に見えます。では，ステップリーダはなぜジグザグに進むのでしょうか。この極めて基本的な問いはかなり昔から研究されていましたが，現在でも完全には解明していません。ここでは，高速ビデオカメラ撮影による最新観測結果から考えられる，ステップリーダがジグザグに進む理由の一つを紹介します。

　図9-2はステップリーダが雷雲から大地に向かっている途中の模式図で，その右側にステップリーダの先端部分を拡大しています。**図9-2a**ではステップリーダが停止している状態です。停止と言っても数μ秒程度の非常に短時間です。ステップリーダの先端（下側）には大量の電子が存在しマイナスに帯電しています（**Q7**）。この先端のマイナスの電荷に伴う強い電界により，数m離れた場所に，スペースリーダと呼ばれるプラズマ状態が発生することが観測からわかっています（スペースリーダ発生前にストリーマという状態が発生していますが，ここでは省略します）。この例ではα, β, γの三つのス

図9-1　一つの落雷におけるステップトリーダが地面へ到達する直前（50μ秒前）
ステップトリーダは無数に枝分かれしており，一つ一つがジグザグに進んでいる。

ペースリーダがほぼ同時に発生しています。数 μ 秒の間にこのスペースリーダは上にも下にも伸びていき（**図 9-2b**），やがてそのうちの一つがステップトリーダに辿り着きます（**図 9-2c** のスペースリーダ α）。次の瞬間にはステップトリーダにつながったスペースリーダ α の方へ，ステップトリーダは進んでいきます（**図 9-2d**）。この場合は，左 30°くらいにステップトリーダが曲がって進みます。このようにステップトリーダの先端に複数のスペースリーダが発生し，そのうちのどのスペースリーダがステップトリーダにつながるかはランダムに決まるので，結果としてジグザグに進んでいる様に見えます。ステップトリーダが止まっている数 μ 秒の時間は，複数のスペースリーダがステップトリーダに向かって進み，ステップトリーダに到達するまでの時間です。（正確にはステップリーダは完全に止まっていません。ゆっくりとですが，スペースリーダ方向に伸びています。）

　さらに一度ステップトリーダがスペースリーダとつながって伸びた後，少し遅れてスペースリーダがステップトリーダにつ

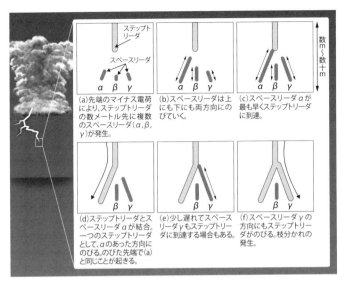

ステップリーダ

スペースリーダ

α β γ

数m〜数十m

(a)先端のマイナス電荷により、ステップリーダの数メートル先に複数のスペースリーダ(α,β,γ)が発生。

(b)スペースリーダは上にも下にも両方向にのびていく。

(c)スペースリーダαが最も早くステップリーダに到達。

β γ

(d)ステップリーダとスペースリーダαが結合。一つのステップリーダとして、αのあった方向にのびる。のびた先端で(a)と同じことが起きる。

(e)少し遅れてスペースリーダγもステップリーダに到達する場合もある。

(f)スペースリーダγの方向にもステップリーダがのびる。枝分かれの発生。

図 9-2　ステップリーダが止まってから進むまでの，数μ秒の間にステップトリーダの先端付近で起こっていること

ながることもあります（**図 9-2e**の γ）。この場合はこの右端のスペースリーダ方向にもステップトリーダが伸びていきます（**図 9-2f**）。これがステップトリーダの枝分かれです。取り残されたスペースリーダ β ですが，周りの電界が弱まるとステップトリーダにつながらず，やがて消滅します。

　今回の例では，一番左のスペースリーダ α が最も早く成長した一方で，真ん中のスペースリーダ β はあまり成長しませんでした。これはステップトリーダやスペースリーダの先端の形にも関係がありそうですし，一番左のスペースリーダが発生した場所に何か成長しやすい要因があったかもしれません。この辺りは現在研究でもまだ分からない点で，今後の研究結果でそのメカニズムが明らかになることを期待します。

地面から雷雲にむかって進む雷があるって本当？

Answerer 吉田　智

　発生数は少ないですが，地上から雲に向けて昇っていく雷が存在します。これを上向き雷放電と言います（**Q5**）。**巻頭カラー口絵2**は上向き雷放電です。**図10-1**は冬の日本海沿岸で発生した上向き雷放電をビデオ撮影した動画から5コマを抜き出したものです。矢印で示す鉄塔の先端から放電が始まり，枝分かれしながら上向きに進んでいきます。上向き雷放電は，鉄塔の先端など高く尖った場所から発生し，上向きにリーダが伸びていく雷です。上向き雷放電のリーダは最終的には雷雲の電荷領域に到達し雷雲内電荷を中和します。ご興味ある方は，是非ともインターネットで上向き雷放電の英訳の"upward lightning"で動画検索してください。より詳細な上向き雷放電の動画がご覧いただけます。

　写真から落雷と上向き雷放電の判定が可能です。**巻頭カラー**

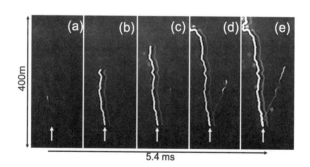

図10-1　鉄塔の先端から発生した上向き雷放電（提供　岐阜大学　王教授）
高速ビデオカメラ撮影した動画から5コマ（5.4m秒）を，上向き雷放電の下部400mのみを表示。矢印は鉄塔の先端を示す。明るく白く見えるリーダが上向きに進んでいく。窓ガラスに反射したリーダが薄く右側に写りこんでいる。

口絵1と2を見比べてください。枝分かれの方向が逆です。つまり，**口絵1**では下方向の枝分かれ（逆Yの字）で，**口絵2**では，上方向の枝分かれ（Yの字）です。放電は進む方向に枝分かれするので，**口絵1**は下向きに進んだ落雷で，**口絵2**は上向き雷放電となります。**図10-1**もYの字に枝分かれしており上向き雷放電であることがわかります。

　上向き雷放電は，地上の電界が非常に強くなると，鉄塔や樹木の先端など尖った場所から発生します。雷雲内の電荷領域によって地上の電界が強まるので，雷雲の電荷領域と地上の尖った場所が近くなれば，上向き雷放電が発生します。つまり，山頂付近・鉄塔などの高い場所や，雷雲の高度が低く電荷の高度が低い冬季の雷雲（**Q24**，**Q25**）などが，上向き放電の発生する条件となります。上向き雷放電の発生数は夏では雷全体のから見て1%以下の発生数で稀な現象です。冬では雷雲が地上に近くなるため，落雷よりも上向き雷放電の方が圧倒的に多いという観測事例もあり（**Q25**），冬の雷を考える上で重要です。

　上向き雷放電の発生のきっかけは2種類あり，①近くの他の雷に誘発されるタイプと，②近くの雷と関係なく発生するタイプです（**図10-2**）。①のタイプは落雷におけるお迎えリーダ（**Q7**）と似ています。近くで雷が発生し，そのリーダが近づいてくると地上の電界が瞬間的に強められ，上向きに進むリーダが地上の尖った場所から発生します（**図10-2，a-1**）。その後，この上向きのリーダが雷雲に到達し，雷雲電荷を中和すると①のタイプの上向き雷放電となります（**図10-2，a-2**）。一方で，上向きのリーダを誘発した上空の放電と上向きの放電がつなが

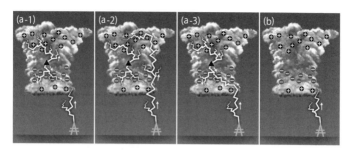

図 10-2　2 つのタイプの上向き雷放電と落雷の関係
(a-1)雷雲内で放電が発生し、それにより地上の上向き放電が誘発される。
(a-2)両者が結合せず、かつ、上向き放電が雷雲内電荷に到達すると①のタイプの上向き雷放電。(a-3)雷雲内の放電と上向き放電が結合すると落雷。
(b)誘発されないタイプ②の上向き雷放電。このまま雷雲の電荷領域に到達。

ると落雷となり、上向きのリーダをお迎えリーダと呼びます（**図 10-2，a-3**）。つまり、①のタイプの上向き雷放電はお迎えリーダのうち、他の放電とはつながらず、かつ、雷雲電荷領域まで伸びていったリーダ、となります。複数の上向き雷放電が同時に発生することが多いのも、他の雷に誘発される①のタイプがあることから、ご納得いただけると思います。一方で②のタイプは冬や山地など雷雲と地上が非常に近い場合に多く見られるタイプで、地上の電界が非常に強くなると発生します（**図 10-2，b**）。

　上向き雷放電は負極性落雷と比較し、中和される電荷量が大きくなる傾向があり、被雷した地上の建造物により大きな損害をもたらす傾向があります。なぜ上向き雷放電で中和電荷量が大きくなるのかは、雷雲内で枝分かれが多くなるから、などの諸説がありますが、今のところ決定的な理由は見つかっていません。

・QR コード から、関連動画が視聴できます。

column 1　世界最大の雷：Mega flash

　雷の標準的な大きさは 10km，継続時間は 0.5 秒程度です。しかし，時としてこの標準的な大きさを遥かに超える巨大な雷が発生します。この巨大な雷は mega flash（メガフラッシュ）と呼び，水平方向の距離が100km を超える雷として定義されます。2020 年に mega flash の新記録がギネス認定されました。

　最長距離の新記録は，709km で，2018 年 10 月 31 日にアルゼンチンからブラジルの両国にまたがって発生した雷です。継続時間の最長新記録は，16.73 秒で 2019 年 3 月 4 日にアルゼンチンで発生した雷です。最長距離の 709km は東京都から広島県までの距離であり，非常に長い記録であることがおわかりいただけます。また 16 秒続く雷，となるともはや一瞬の出来事ではなく，肉眼で雷進展を確認できそうです。

　今回の新記録は，人工衛星からの雷観測により得られました。前回の最長記録は地上観測（**Q46**）だったので，どうしても観測装置の設置場所から 400km くらいまでしか観測できません。一方で今回の新記録は 2016 年から始まった静止軌道の人工衛星（Geostationary Lightning Mapper）による雷観測です（**Q47**）。この人工衛星の雷観測は南北アメリカの全域を観測可能で，巨大な雷もその全貌を観測可能です。観測範囲が広がったため，距離でも継続時間でも非常に長い雷を観測することに成功しました。このような巨大な雷がどのような条件のもと発生するのか，今後の研究に注目です。

　※**参考：**最長の雷の動画　https://youtu.be/7l70D9-5Ufw

（吉田　智）

Section 2

「雷」の特徴

どんな時に雷雲は
発生しやすいの？

Answerer 吉田　智

　雷雲が発生・発達するためには，空気の上昇，すなわち上昇気流が必要です（**Q2**）。上昇気流の上昇速度が大きい方が，雷雲はより大きく成長し，結果としてより多くの雷が発生します。つまり，強くて大きい上昇気流が発生しやすい状況が，雷の発生しやすい天気です。

　そもそも上昇気流はなぜ上昇できるのでしょうか？基本的なメカニズムは熱気球と同じです。熱気球では，ガスバーナにより気球内の空気を温めることにより，気球内の空気が膨張し周囲よりも軽くなり，浮力を得て熱気球は上昇します。雷雲も同様に，雷雲内の上昇気流の気温が周囲よりも高いことから，上昇気流は浮力を得て上昇します。上昇気流が周囲よりも気温が高くなりやすい状況は二つあります。①上昇気流の周囲の気温が通常よりも下がった場合，②地表付近から発生する上昇気流に水蒸気が多く含まれる場合があり，この二つの条件が重なると，非常に激しい雷雨が発生しやすくなります（**図11-1**）。

　天気予報で「上空に寒気が入るため，大気の状態が不安定となり雷雨が発生しやすくなります」というのを聞いたことがあるでしょう。これが①の周りの気温が通常よりも下がった場合です。この場合，寒気（冷たい空気）が上昇気流の周囲にあることから，上昇気流の周囲の気温が低くなり，上昇気流の気温は相対的に高くなります。結果として強い浮力を得て強い上昇気流が発生し，激しい雷雨が発生しやすくなります。

　②のパターンで地表付近に水蒸気が多い場合でも，地表付近から上昇した上昇気流は周囲よりも気温が高くなりやすいです。この上昇気流ももちろん上昇すれば気温が下がります（**Q2**）。

図 11-1　雷が発生しやすい
状況

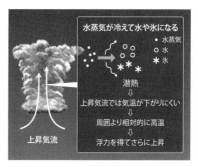

図 11-2　水蒸気が上昇気流を強めるプロ
セス

しかし，この上昇気流に大量の水蒸気が含まれていた場合には，高度上昇に伴って気温が下がると，水蒸気の一部は凝結して水，さらには氷に変わります（**図 11-2**）。これらの水蒸気から水や氷への変化により熱（潜熱）が生じ，上昇気流が暖められます。水蒸気の潜熱がない場合は 100m 上昇するにつき約 1 ℃下がるのに対して，水蒸気が凝結する状況では約 0.6℃しか下がりません（気温の下がり方は条件により異なります）。この二つの差（この場合は 0.4℃）は，潜熱による空気の暖めの効果です。水蒸気が凝結することにより，上昇気流内では上昇しても周りの空気よりも気温が下がりにくくなり，結果として周囲の気温よりも気温が高くなります。水蒸気をより多く含んでいる方がより多くの潜熱を上昇気流は受け取ることとなり，より強い浮力を得て，より大きな雷雲に成長します。国内では，夏季に太平洋で海面から水蒸気供給を受けた南風が，湿った暖かい風になることがあり，この湿った南風が国内で激しい雷雨をもたらす場合があります。

　上記にあげた二つの条件は，上昇気流があればより上昇気流が強くなる，という条件です。実際に雷雲が発生するには，まず，地表面付近（概ね高度 1 km 以下）から最初の上昇気流が発

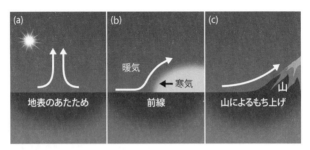

(a)

暖気

地表のあたため

(b)

←寒気

前線

(c)

山

山によるもち上げ

図 11-3　上昇気流発生例

生しなければなりません。つまり，地上付近の空気を少しだけ，何か他の力で上昇させる必要があります。この上昇気流の発生のメカニズムはいくつかあります。日射により地面が熱せられ地面付近の空気が温められ軽くなった場合（**図11-3a**）や，前線のように暖かい空気が冷たい空気に乗り上げた場合（**図11-3b**），風が山に沿って吹き上げる場合（**図 11-3c**）等，いくつかあります。これらによって，上昇気流ができた場合に，さらに上記の２条件が重なれば，上昇気流は強くなり，大量の雷が発生する激しい雷雨となる場合があります。

どうして落雷と雲放電の 違いがあるの？

Answerer 吉田　智

　雷雲内で始まった放電が雲放電(くもほうでん)となるか，落雷となるかは，雷雲内の電荷構造（雷雲内部の電荷の分布）と雷が開始した場所である程度決まります。**図 12-1** は典型的な雷雲内の電荷構造を示しており，上から正電荷（メイン正電荷）領域，負電荷（メイン負電荷）領域，正電荷（ポケット正電荷）領域が縦に並んでいます（**Q3**）。またメイン正電荷（＋30 C）と負電荷（－30 C）の電荷量は同程度であるのに対し，一番下のポケット正電荷は一桁小さい電荷量（＋3 C）です。ここで紹介する電荷量はあくまで一例で，C（クーロン）は電荷量の単位です（**Q3**）。雷の最初の放電（プラズマ）は正と負の電荷間の電界の強い地点から発生するので（**Q4**），雷が発生するのは **図 12-1** の場合，点Aや点Bになります。点Aで発生した場合は，多くの場合で雲放電となり，点Bでは多くの場合負極性落雷となります。

　図 12-1 の点Aで最初のプラズマが発生した場合を考えましょう（**図 12-2**）。点Aから上向きに負リーダがメイン正電荷領域に向けて伸びると同時に，下向きに正リーダがメイン負電荷領域に向けて伸びていきます（**Q7**）。つまり，負リーダは負に帯電しているので正電荷の方向に進んでいくわけです。正リーダも同様です。やがて負リーダがメイン正電荷領域，正リーダがメイン負電荷領域に到達すると，正と負の電荷領域は導電率が非常に高いプラズマであるリーダにより電気的につながり，正と負の電荷間に電流が流れ，雷雲内電荷は中和されます。**図 12-1** では，メイン正電荷領域とメイン負電荷領域の電荷量は同じなので，同じ電荷量だけ中和して，放電が雷雲内で

図 12-1　典型的な雷雲内の電荷構造

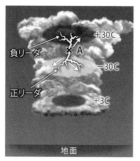

図 12-2　雲放電
点Aで雷が発生した場合。

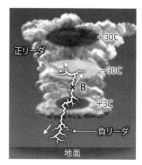

図 12-3　落雷
点Bで雷が発生した場合。

終わります。これが雲放電です。

　次に**図 12-1** の点Bで最初のプラズマが発生した場合を考えましょう（**図 12-3**）。点Bでは上側にメイン負電荷領域，下側にポケット正電荷領域があります。点Aの場合と電荷の極性の上下関係が逆です。点Bから上向きに正リーダ，下向きに負リーダが伸びていきます。雲放電と同様に，メイン負電荷領域とポケット正電荷領域間が正と負のリーダでつながるとこれらの電荷を中和します。ただ**図 12-2** の雲放電と異なるのは，メイン負電荷領域の電荷量はポケット正電荷領域の電荷量よりも

大きいので，たとえポケット正電荷領域内の正電荷の全て（＋3 C）を中和したとしても，メイン負電荷領域にはまだ多くの負電荷（−27 C）が残っています。この状況では，上に進んだ正リーダの先端は，メイン負電荷領域内に残った負電荷により，電界が強められ正リーダとして伸びていきます。また正リーダ先端の電界が強められることにより，反対側の負リーダの先端でも電界が強められ，その結果，負リーダも電子雪崩を起こしながら伸びていきます（**Q9**）。この後，負リーダは雷雲外でも伸び続け，この負リーダが地面まで到達すると落雷となります。

　最初のプラズマが発生した上下の電荷量が大体同じ場合は，雲放電となり，大きな不均衡があった場合は，リーダは雷雲外へ出ることとなり，地上に到達した場合は，落雷となります。このように雷雲内の電荷構造と，どこで雷が始まったか，の2点で，雲放電となるか落雷となるかはある程度説明が可能です。

何が雷の種類を決めているの？

Answerer 吉田 智

　落雷となるか雲放電（くもほうでん）となるかは，雷雲内の電荷構造と最初の放電がどこで発生するのか，である程度説明できることを紹介しました（**Q12**）。**Q12**では，典型的な雷雲の電荷構造を仮定しましたが，ここでは電荷構造が典型的ではない場合，どのような雷になるのか考えてみましょう。ここで紹介する電荷構造は「典型的ではない」電荷構造なので，典型的な電荷構造（**Q12**の**図12-1**）と比較すると，実際の雷雲では頻出しませんが，いくつかの条件が重なると実際に発生しています。ここで紹介する電荷量はあくまで一例です。なお，今回参考にした文献で掲載されている電荷構造を，ここでは少し簡略化しています。

　図13-1の電荷構造の雷雲を考えます。**Q12**の**図12-1**との違いはポケット正電荷領域の正電荷量が大きく（＋3C ➡ ＋30C），メイン負電荷領域の負電荷量と同程度の電荷量である点です。**図13-1**で雷が発生するのは，正と負の電荷領域間の点Aか点Bです（**Q4**）。点Bで発生した場合，上側は負電荷領域，下側が正電荷領域なので，点Bから上向きに正リーダ，下向きに負リーダが伸びていきます。この正と負リーダによりメイン負電荷と下側の正電荷が電気的につながると，負電荷と正電荷が中和され，同じだけの電荷量がなくなります。この例では正と負の電荷量が同じ程度と想定しているので，メイン負電荷領域の負電荷と下側の正電荷領域の正電荷では同じ量の電荷が中和され，正リーダ，負リーダはこれ以上進まず，雲放電となります。このタイプの雲放電は雷雲の底で発生するため，雷雲で隠れることが少なく，枝分かれが複雑に入り組んだ雲放

「雷」の特徴

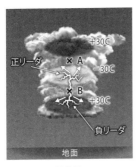

図 13-1 雲放電
ポケット正電荷の電荷量が
大きい雷雲において点Bで
雷が発生した場合。

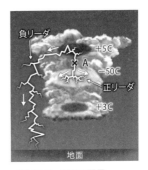

図 13-2 青天の霹靂
雷雲上部の正電荷の電荷量
が小さい雷雲で，点Aで雷
が発生した場合。

電（通称，スパイダーライトニング）として写真撮影できる場合があります（**巻頭カラー口絵3**）。

次は**図13-2**のような電荷構造で，点Aにおいて雷が開始した場合を考えます。**図13-2**と**Q12**の**図12-1**の違いは雷雲上部の正電荷が非常に少なくなっています（＋30C ➡ ＋5C）。点Aで雷が発生すると，上向きに負リーダ，下向きに正リーダが伸びていきます。**図13-2**では正電荷領域の電荷量（＋5C）がメイン負電荷領域の電荷量（－50C）よりも明らかに少ないため，雷雲上部正電荷が全て中和されたとしても，メイン負電荷領域には負電荷が残っています。このため上側の負リーダは正電荷領域から水平方向に進展し，雷雲の外へ伸びていくことができます。雷雲の外に出てきた負リーダが下向きに進み，地面に到達し落雷となる場合があります。メイン正電荷領域（夏の場合，通常8km以上）から水平進展して雲外に出るので，この落雷を写真で撮影すると（**口絵1**）のように，雲の横から出現して落雷したように見えます。いわゆる晴天の霹靂となります（**Q5**）。**図13-2**では負リーダが地面に到達して落雷とな

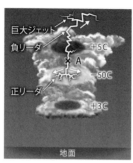

図 13-3　巨大ジェット
図 13-2 と同じ状況で，負
リーダが雷雲の上方へ延
びた場合。

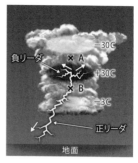

図 13-4　正極性落雷
雷雲内の電荷構造が負，正，
負で並んだ雷雲で，点 B
において雷が発生した場
合。

りました。一方，負リーダが上に（つまり，宇宙空間に向かっ
て）伸びていく場合（**図 13-3**），巨大ジェットと呼ばれる宇宙
へ向かう雷となります（**Q32**）。

　図 13-4 のような電荷構造の場合もあります。これまで考え
てきた電荷構造は上から正，負，正の順でしたが，**図 13-4** で
は負，正，負となっており，電荷の極性が逆になっています。
図 13-4 の点 B で雷が発生した場合，上向きに負リーダ，下向
きに正リーダが伸びていきます。下側の負電荷領域の電荷量
（－3 C）が中央の正電荷量（＋30 C）よりも小さいため，正
リーダは下側の負電荷領域を抜け出すことができて，正リーダ
が地面まで到達すると正極性落雷（**Q5**）となります。

　雷雲から離れた場所に落雷する青天の霹靂（**Q54**）や正極性
落雷（**Q5**）も，雷雲内の電荷構造と最初の放電が発生した場
所により，全てではないもののある程度説明することは可能で
す。

稲光って何色？

　この質問に科学的に完全に答えるのは困難です。例えば，同じ稲光でも，見る場所や見る人によって色は異なります。同じ空でも，どこから見るかによって青空に見えたり，夕焼けに見えたりするのと似ていると言えるかもしれません。それでも頑張って解答すると，稲光の色を決める大きなポイントは大きく二つあります。一つは雷がどのような色の光を発しているかと，もう一つは雷から発せられた色が見る人に届くまでの間にどのように変化するかです。

　まず雷が発する色について，稲光は，リターンストローク（**Q8**）による電流が発する光です。そしてその放電路は電流によって瞬間的に高温になっています。直接放電路の温度を測ることは難しく，雷によって大きく異なりますが，局所的には３万℃くらい（**Q6**）にまでなっていると考えられていて，この温度に応じた色が発せられます。温度によって発せられる色が違うことは，炎や恒星の温度を色で見分けられることや，「色温度」という用語でご存知の方も多いと思います。実際に稲光の色から放電路の温度をさらにそこから放電路に流れている電流（雷電流）を推定しようとする研究も行われています。色を測ることは実際には波長ごとの光の強さを測ることになり，これを分光観測と言います。

　雷電流により加熱された温度に応じた色で発せられた光は，周辺の大気と相互作用します。雲や降水があれば散乱しますし，例え放電路から観測者までの間に雲や降水などがなくても，水蒸気や空気の主成分である窒素や酸素などの気体の影響を受けます。さらには，空に虹が見られることからもわかるように，

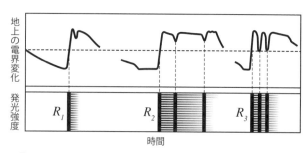

図 14-1　雷撃電流の例
　　Rはリターンストロークを表わす。

色によって様子が異なる屈折をしながら，稲光は見る人の目に
届きます。もう一つ加えて言えば，同じ色と強さの光でも人に
よって見え方が異なります。同じところを同時に撮影した写真
でも，カメラによって色味が大きく異なることからもわかって
いただけると思います。急に激しい光が発せられるので，これ
を見た際には残像の効果も無視できません。このような，発光，
伝搬，受光の過程を経て，稲光は二つとして完全に同じものは
ない，またその人にしか見えない色をしています。

　さて，光の源になるリターンストローク時に流れる電流です
が，非常に短い継続時間の中でも変化をします。1回のリター
ンストロークで電流が流れる時間は一般的に数〜数十 μ 秒（マ
イクロ秒：μs，100 万分の 1 秒）です。複数のリターンスト
ロークを伴う落雷（**Q8**）ではこの電流が数十 m 秒（ミリ秒：
ms，1000 分の 1 秒）の間隔で繰り返されます。数十 m 秒の
間隔で稲光が点滅する様子を肉眼で完全に見極めることはでき
ませんが，点滅していることに気付くことはあるかもしれませ
ん。また，リターンストロークの後に途切れずに弱い電流が流
れ続けることもあります。**図 14-1** に示すように，リターン
ストロークにより激しく光った後に弱い光が継続し，数百 m 秒程
度流れ続ける弱い電流の中で 1 〜 2 m 秒程度電流が強まって，

時々明るさを増すという明滅を繰り返す稲光も確認されています。

　雷鳴も，稲光と同じくリターンストローク時の雷電流によるもので，放電路が高温になることで空気が膨張して発生しています（**Q15**）。稲光の明るさ，長さ，色が雷によって異なるのと同様に，雷鳴の大きさ，長さ，高低もまた様々です。

雷のゴロゴロはどうやって 聞こえるの？

Answerer　吉田　智

　　雷が光ったのちに，大きなゴロゴロという雷鳴が聞こえます。この雷鳴は大電流が流れるリターンストローク（**Q8**）から発生します。リターンストロークは，数十μ秒という非常に短時間ですが，通常数十 kA の大電流が流れます。この大電流により雷の放電路が瞬間的に約3万℃にまで上昇します（**Q6**）。太陽の表面が推定 6000℃であることと比較すると，非常に高温であることをおわかりいただけると思います。なおこの温度は，分光計と呼ばれる光を観測する装置で推定しています。

　　一瞬で雷の放電路が3万℃という高温になると，当然その付近の大気も急激に気温が上がります（**図 15-1**）。気温が高くなると気圧も急激に上がります。リターンストロークの大電流により，放電路付近の気圧は地上気圧の 10 倍程度に急激に上がると考えられています。この高圧のために周囲の空気は急膨張します。この膨張のスピードが音の伝わるスピード（音速）よりも速いため，衝撃波が発生します。この衝撃波が元となって発生した音波が私たちの耳まで届くと，ゴロゴロという雷鳴が聞こえるのです。条件にもよりますが，雷の発生地点からおよそ 10km 以内で雷鳴を聞くことができます。音速は秒速約 330 mなので 10km 離れていると，稲光が見えてから約 30 秒後に雷鳴が聞こえる距離です。逆に言うと，雷鳴が聞こえた場合は，雷が 10km 以内で発生したと考えても良いでしょう（**Q39**）。

　　雷鳴がどのように耳までやってくるかを考えてみましょう。**図 15-2** のように点Aへの落雷の雷鳴を，10km 離れた点Bで聞く，という状況を考えます。わかりやすくするため風は全く

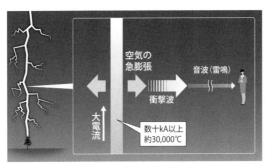

図 15-1　雷鳴が聞こえるまで

ないとします。気温は通常，高度が上がると下がります（**Q2**）。音速は気温により変化し，気温が上がると音速も上がります。つまり，気温が高い地上付近などの低高度の方が，気温の低い高高度と比較して，音速は速くなります。このため，**図 15-2**にあるように音波の下側は上側に対して相対的に少し速くなります。つまり，音波は上向きに徐々に曲がります。これが屈折です。音波である雷鳴は水の波や光と同様，波の性質があるので屈折します。雷鳴の屈折を考慮すると，点Bで聞こえた雷鳴は点Bからの距離が最も短い地面付近（点A）で発生した雷鳴ではなく，点Aの少し上で発生した雷鳴を聞いています。

　落雷地点から離れていると，聞こえるのは上の方で発生した音だけで，地面付近で発生した音は聞こえません。屈折の影響が出ないように，雷から至近距離であれば地面付近で発生した雷の音を聞ける場合があります。この音はよく「布を破いたような音」と表現され，ビリビリッ，メリメリッ，パリパリッ，などと表現されることが多いようです。お迎えリーダ（**Q7**）がこの音の発生源の一つとして考えられています。

　至近距離で雷が発生した場合，「布を破いたような音」に続いて，リターンストロークに伴う通常の雷鳴（ゴロゴロ）が聞

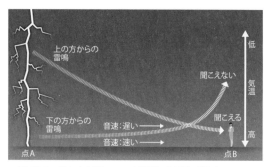

図15-2 私たちが聞いている音波（雷鳴）が伝わってくる
様子
落雷地点から立っている場所までは 10km。

こえます。「布を破いたような音」は通常の雷鳴と比べると音
量は非常に小さいです。私は大学院生の頃に石川県内で毎年雷
の観測をしていました。この観測中に 100 m 先の鉄塔から上
向き雷放電（**Q10**）が発生したのですが，その時この「布を破
いたような音」を一度だけ聞くことができました。私の聞いた
「布を破いたような音」は，文字で書くとメリメリッという音
で，通常の雷鳴（ゴロゴロ）と全く違い静かな音でした。

雷から大気汚染物質が発生しているって本当？

Answerer　吉田　智

　雷雲内の電荷を中和する時に放電路には大電流が流れ，気温が約3万℃に達します（**Q8**，**column2**）。雷の大電流による高温により，電流の流れた場所では空気中の窒素と酸素が化学反応を起こし，大気汚染物質の一つである窒素酸化物（一酸化窒素や二酸化窒素などの気体）が発生します。この窒素酸化物は森林などに被害を与える酸性雨の原因物質の一つです。さらに窒素酸化物と日射などのいくつかの条件が重なると化学反応が発生し，気体であるオゾンを生成します。オゾンも対流圏や地表近くでは大気汚染物質の一つです。

　オゾンと聞くとオゾン層を思い浮かべるかもしれません。オゾン層は成層圏（日本ではおよそ高度12kmから50kmくらいまで）に存在するオゾン量が多い層で，宇宙から入ってくる有害な紫外線を吸収して，紫外線から地上の生物を守ってくれる，地上の生物にとって不可欠な層です。一方で，オゾンは強い酸化作用があるために，地上付近でオゾン濃度が高まると，農産物の収穫量減少など農業被害があるだけでなく，人間には健康被害をもたらします。また，二酸化炭素と同様に温室効果ガスの一つなので，対流圏（地上付近からおよそ高度12kmまで）でオゾンが増えてしまうと，地球温暖化が進みます。このように対流圏にあるオゾンは，環境に悪影響を及ぼす大気汚染物質の一つです。この対流圏のオゾンの大部分は前述の窒素酸化物の化学反応により発生しています。

　過去の観測結果によると，雷雲が通過した後に，窒素酸化物が地上で増加した観測結果もあり，雷は環境に影響を与えうる量の窒素酸化物を生成しています。

　窒素酸化物は環境に悪影響を与えるので，地球上のどこにどれだけの窒素酸化物が存在するのかを把握し，これから増えていくのか，減っていくのか，予測することは，将来の地球環境を考える上で重要です。地球上の主要な窒素酸化物の排出源は，工場や自動車などによる化石燃料の燃焼などの人間活動，バイオマス燃焼（森林火災や焼き畑など），そして雷です。最近の研究によると，最も排出量が多いのは人間活動です。ある研究では1回の雷で，空気中の窒素のおよそ7kgが窒素酸化物に変化すると推定しています。地球上にはおよそ毎秒50回の雷が発生すると考えられており（**Q21**），地球全体では毎秒およそ350kgの窒素が窒素酸化物に変化していることになります。雷から発生する窒素酸化物は地球環境に大きな影響を与えるものなのでしょか？

　研究者によってばらつきがあるのが現状ですが，世界中の雷全体からの窒素酸化物の排出量は，地球上の全ての排出量全体の10%程度と考えられています。雷からの窒素酸化物の排出量は全体から見ると少ないですが，人間活動に起因する窒素酸化物の排出は，その大半が地上付近で発生するのに対して，雷は雷雲内部または雷雲と地面の間の放電なので，雷起因の窒素酸化物は上空でも発生し，高高度への影響が大きいと考えられています。また，今後雷が増加すると（**Q26**），雷からの窒素酸化物の排出量が増加することとなり，雷起因の窒素酸化物の増加が将来的に大きな問題になる可能性もあります。

雷の電気はどこへ行くの？

Question 17

Answerer　鴨川　仁

　洗濯機や冷蔵庫などの家電に，電源ケーブルとは別に緑の導線がついていることはみなさんもご存知でしょう。これはアース線とよばれ，何かの漏れ出した電気を大地に流して，利用者の身を守ります。また，アース線は避雷針へ落ちた雷の電気を大地へ逃がす役目も果たしています（**Q42**）。アース（接地）は，地面に金属棒を打ち込むなどして設置されます。文字通り"earth"と電気的に接続させるものです（**図 17-1**）。

　アース線が機能するためには，大地にも電気が流れる必要があります。とは言っても，大地は鉄や銅のように電気を流しやすい性質ではありません。流しやすさ（電気伝導度）で言えば，大地は金属の 100 億分の 1 以下です。しかし，地球は巨大なのでわずかでも電気を流せれば，電気は拡散していってしまいます（**図 17-2**）。

　大地の組成や構造によって，電気の流しやすさは大きく変わります。乾いた岩石と水分が多く含まれている土壌を比べると，後者のほうが数万倍，電気を流しやすい性質を持ちます。鉱物などを起原とするイオンが含まれている地下水も電気を流します。同様に海水も，ナトリウムイオンなどを含むため，電気を流しやすい性質があります。

　海水の塩分濃度は場所によってわずかに異なりますが，電気の流れやすさはどこでも同じと言ってよいでしょう。一方，地下水に溶け込むイオンの種類や濃度は場所によって大きく異なるので，大地の電気の流れやすさは均一ではありません。

　落雷で大地に流れ込んだ雷雲中の電気はどこにいくか，気になるところです。大地の電気の流れやすさを示す電気伝導度は，

図 17-1　地中に埋めるアース棒
金属の棒を埋め込む。

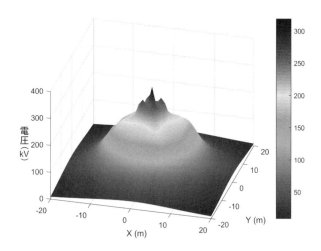

図 17-2　風力発電の風車に落雷したあとの地表電位の分布シミュレーション
(Sunjerga et al, Elect. Power. Sys. Res., 2019)

場所によって何桁も違うレベルで異なるため，落雷の電気は大
地の流れやすいところを通って地球に拡散していきます。例え
ば活断層の近くなど，電気の流れやすいところでは，落雷地点

図 17-3 海への落雷
電流は海面を流れる。

からずいぶん離れたところでも雷に起因する電流（地電流）が
観測されることがあります。

　それでは，海上での落雷はどうなるでしょうか。雷雲の接近
時には，海面には，雷雲下部の電気と反対の極性の電気が集
まっています。これらを中和するのが落雷ですから，落雷時の
電流は海水面にしか流れません。多くの魚は海中ですから，感
電のショックからは無縁です（**図 17-3**）。

　一方，落雷で雷雲の電気が中和された時に，雷雲にのこされ
た反対の極性の電荷はどうなるでしょうか。雷雲上空の大気は
地表付近に比べて電気をわずかですが通しやすくなっています。
そのため，残された電荷は宇宙（電離圏）に運ばれるのです。
飛行機などの飛翔体で雷雲上空の電流が計測されています。全
球の雷雲によるこれら宇宙への電荷放出は，全地球電気回路の
コンデンサ部に充電されます（**Q31**）。この上空に向かう電荷
は，霧箱を発明しノーベル物理学賞を受賞したウィルソン

（**Q53**）が，全地球電気回路の考えを示したことからウィルソン電流と呼ばれています。

地上に雷が落ちると，その痕跡は残る？

　リターンストローク（**Q5**）の時に，雷の放電路の太さは直径の数 mm から数 cm であると言われています。放電路の痕跡は，避雷針などに明瞭に残ることがあり（**図18-1**），放電路の直径を確認できます。避雷針などの鉄塔は電気を非常に流しやすく，放電が始まれば金属内部に電流が流れていきます。しかし，金属の表面には放電時の高温のために変質した跡が放電路の直径分だけが残るからです。

　大地にはわずかながら電気を流す性質があり，避雷針に被雷した電気を大地に流し込むことができます（**Q17**）。しかし，金属に比べると大地は遥かに電気を流しにくいため，地表で見られる落雷の痕跡は，金属の避雷針に残るような小さなものとは異なります。その最たる例は，ゴルフ場などに落雷した場合に見られるリヒテンベルク図形です（**図18-2**）。リヒテンベルク図形は，絶縁体の表面におきる沿面放電によって作られます。大地は絶縁体ではありませんが，瞬時に大電流を流せるほどの導体でないために，地表面に放電が分岐しながら描いた，このような模様が残ります。リヒテンベルク図形の名は，ドイツの物理学者リヒテンベルクが，放電実験の際に形成されるこの模様について発表したことに由来します。リヒテンベルク図形は，模様の一部が全体と自己相似な構造となるフラクタル構造で，雷の放電路の形状にも共通するものがあります。また，人体に落雷した時に，同様な模様の傷が皮膚に残ることが知られています（**Q36**）。

　落雷のエネルギーが巨大になると，地面にある砂，粘土などに多く含まれる石英が溶けてガラス状になります。これらは閃

図18-1　富士山頂の避雷針（左）に避雷針先端における落ちた被雷の痕（右）
ペンキが剥がれたいくつかの点状部分が被雷部とみられる。（提供　認定
NPO法人 富士山測候所を活用する会 安本勝研究員）

図18-2　ゴルフ場に落雷した痕跡
リヒテンベルク図形がみられる。（提供　米国
Eagle Creek Golf Club, Moyock）

電岩，ないしは雷管石（フルグライト）と呼ばれています（**図18-3**）。閃電岩は中が空洞上になっていることが多く，その空洞に枝分かれが見られるものもあります。中には，長さ数m にもなる樹木の根のようなものもあります。日本では陸域の落雷のエネルギーがそれほど大きくないことから，閃電岩が形成されることはまれです。1968年に岩見沢で発見された閃電岩

図18-3　フルグライト（Science Photo より）

が，現地の博物館（岩見沢郷土科学館）に保存されています。一方，アフリカの砂漠地帯では多くの閃電岩が発見されています。閃電岩から古代の雷活動の様子を推定するほか，雷に起因する窒素酸化物が含まれていることから，雷活動と生命の起源の関係（**Q34**）に迫れるかもしれない，との期待が持たれる物質でもあります。

　磁鉄鉱は鉄の酸化物で，自然界ではありふれた物質です。磁鉄鉱が磁石の性質をもっていることはまれですが，強い磁界を与えると磁石としての性質を持つことがあります。つまり，天然の磁石となるのです。山口県萩市高山の山頂にある斑れい岩は磁石石と知られており，1936年に「須佐高山の磁石石」として国の天然記念物として指定されました。この天然磁石は雷による電流が作る強い磁界によって磁鉄鉱が磁化されたものとする説があります。

雷から放射線が出るのは本当ですか？

Answerer　鴨川　仁

　自然界には放射線が存在します。放射線は，電子などの粒子が高エネルギー状態になっているものと，X線やガンマ線などの電磁波の2種類に分けられます。そもそも，物質のエネルギーが極めて高い状態にあるというのはまれで，自然界で，そのような環境は限られています。地球上で検出される自然界の放射線は，銀河や太陽起源の宇宙線や，岩石などの鉱物に含まれるウラン等の天然放射性元素によるものです。

　しかし1991年に天体からのガンマ線の研究用として打ち上げられたアメリカの人工衛星（CGRO）のデータに，地球の方向からのガンマ線があることがわかりました。そしてそのガンマ線は落雷と同期しているようだということに気づきます。この人工衛星で検知されたガンマ線は，Terrestrial gamma-ray flash（TGF）と呼ばれています。

　1990年代後半に，日本の冬季雷時に興味深い現象が見つかります。日本海側の原子力発電所の周囲に設置されているモニタリングポスト（原子力発電所から放射線物質などが漏れていないかなどの監視に用いている）が，冬季雷雲が接近すると放射線を検知しはじめたのです。さらに調べてみるとガンマ線が雷雲から放射されており，分単位の長さで発生しているものでした（**図19-1**）。ガンマ線は，空気中を長距離伝搬することはできず，たとえ雷雲から発生しても空気にそのエネルギーをすぐに吸収されてしまいます。夏の雷雲内の電荷は高度5km以上の高い場所に存在しますが，冬の雷雲内の電荷は高度1km以下となる場合があり，発生したガンマ線が大気にあまり吸収されずに地上へ届いたというわけでした。その後，山岳や航空

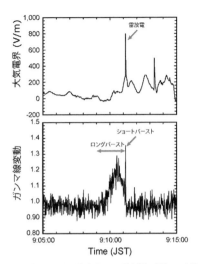

図 19-1　地上観測で冬季雷中の地表電界と放射線（ガンマ線）（提供　鳥居建男福島大学特任教授）
雷雲発生時にロングバースト，落雷時にショートバーストが発生。

機，気球など雷雲に接近した観測をした結果，夏季，冬季問わずあらゆる雷雲からガンマ線が発生していることが分かっています（ロングバースト，ないしグローと呼ばれることが多い）。ガンマ線は，雷雲だけでなく落雷からも発生していることが，落雷の近傍で地上観測によって判明し，雷活動から放射線が発生することは研究者の確信になりました。また，衛星で観測された TGF の起源は地上からの落雷だったこともわかってきました（ショートバースト，ないしは地上観測でも TGF と呼ばれることが多い）。これらの発見は，自然にも新たな放射線源があるということで研究者の強い興味をひいています。

　さて，どのようにして雷雲や落雷に伴うガンマ線が発生しているのでしょうか？現在，有力な説となっているのは，**Q4** と同様に雷雲ないしは落雷の放電路内の電界が，空気中の電子を

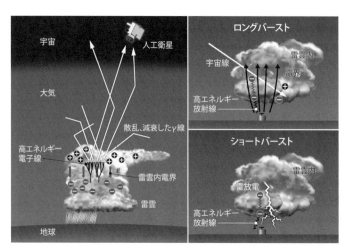

図19-2　雷・雷雲起源の放射線発生のしくみの仮説

加速させてエネルギーを得て，その高エネルギー状態の電子が
ガンマ線を放出させている，というものです（逃走絶縁破壊理
論）（**図19-2**）。ロングバーストの状況を例えるならば，電界
が坂道で，電子がビー玉と思っていただければイメージをしや
すいでしょう。坂道が急であればあるほど（電界が大きければ
大きいほど），ビー玉はどんどん速くなりガンマ線を放射できる
ようなエネルギーを持つようになります。しかし，ロングバー
ストにおいては，空気中だと単に坂道がいくらでも急になると
いうわけではありません。なぜならば，急な坂道，つまり大き
な電界であると放電し，雷が発生してしまうわけです。いまこ
の仮説が想定する電界の大きさが雷の発生する電界（**Q4**）よ
り大きく見積もられている疑問はまだ解明されていません。

大気中の放射性物質が増えると雷が多くなるというのは本当？

Answerer 鴨川　仁

　自然界の放射線は，天然放射性元素（主に地球誕生時から大地に存在してきたもの）と宇宙線（太陽や銀河起源の高エネルギー粒子）が主たるものです。そして，わずかに雷，雷雲から発生する自然放射線があります（**Q19**）。天然放射性元素については，放射能を持つラドンが，人間活動等で土壌を変えることにより多く発生することが知られています。つまり，経済活動が活発で，あちこちで建設工事が行われているようなところであれば，ラドンの発生が多くなるということが考えられています。ラドンは気体なので，これらが大気の移流によって，地球上のどこかにいくことは多々あります。同様に宇宙線も太陽活動や地磁気の変化によって，大気中に入り込む量は変化します。

　ラドンは放射線を発生するため，大気をイオン化（電離）させます。宇宙線も，増えれば，イオン化する量を増やします。大気のイオン化があれば，電気を通さないと言われている空気も若干通しやすい環境になり，ひょっとしたら落雷の発生しやすさにもつながり，雷の数が増えるのではと予想する人もでてきています。しかし自然放射線によって落雷のしやすさが変わり増減したという研究者の多くが納得するような結果は得られていません。

　1960年代は，自然放射線起源の放射線量よりずっと多くの人為的放射線が大気にあった時代です。それは核実験が地下ではなく地表で行われ，大気中に多くの放射性物質（セシウム）などが撒き散らされていたからです。核実験では，放射性物質を含む爆発した時の噴煙が数千 m の高度にまで舞い上がり，

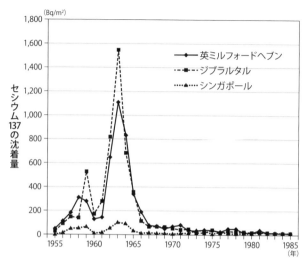

図 20-1　大気中核実験当時のイギリス，ジブラルタル，シンガポールで計測された地面に沈着したセシウム 137（Wright et al, 1999 より）

世界中の大気が自由に往来できる自由対流圏高度を超えた放射性物質は全世界へ拡散しました（**図 20-1**）。

　当時の，全地球電気回路（グローバルサーキット，**Q31**）における地球と宇宙との境界までの電位差（電離圏電位という）は，通常ならば 250kV（1.5V の乾電池に比べて数十万倍大きな値）の電位差が 350kV にも上昇するということがありました（**図 20-2**）。この電位差は，世界全体の雷活動がソースとなっているため，全球の雷活動が活性化したのではという論争が起こりました。当時，全地球的な雷観測は現在の WWLLN*のような地上でのネットワーク観測（**Q46**）や衛星観測（**Q47**）は行われていませんでした。全球の雷活動の指標にもなるシューマン共振（**Q31**）の観測が試みられたところ，アフリカの雷活動は活発だったようです。しかし，放射性物質によって落雷活動が誘発されたという結論は出ていません。

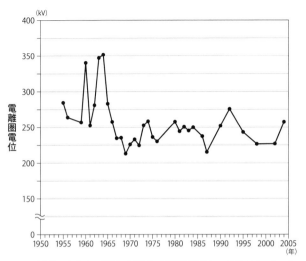

図 20-2　地球と宇宙との境界の電位差（電離圏電位）の経年変化（Markson, 2007 の図を改変）

　1989 年チェルノブイリ原発事故，2011 年福島原発事故では，放射性物質が原発事故により大気へ拡散しました。いずれの事故でも，大気中の電気的な微変動はわずかに観測され，大気中のイオンが放射性汚染のあったところで増えたことはわかっています。しかし，そもそも 1960 年代の核実験に比べて放射性物質の量が少なく，局所的にも雷活動が増えたという報告はありません。

　いずれにしろ，「大気中の放射性物質が増えると雷が多くなる？」という命題に対し，いま答えられるのは，地球規模の地上・海上・空中核実験ならば，雷が増える可能性があるが，まだはっきりわかっていないということになります。

＊ WWLLN：World Wide Lightning Location Network

column 2　雷のギネス記録

　ギネス記録として登録されている雷に関する記録として，世界一雷の多い場所（**Q22**）や世界一長い雷・もっとも継続時間の長い雷（**column 1**）があります。それ以外にギネス記録として登録された雷関連の記録を紹介します。なおご紹介する記録は 2021 年 1 月 1 日時点で確認できたギネス記録です。

○もっとも北で発生した雷：2019 年 8 月 3 日に北緯 89.53°（北極点から 52km）で発生した雷がもっとも北で発生した雷です。Vaisala 社が運用する GLD360 という雷の電波観測ネットワーク（**Q46**）により観測されました。

○地上でもっとも高温の場所：落雷のリターンストロークが 3 万℃として認定されています（**Q6**）。

○初めて落雷にあった宇宙船：1969 年 11 月 14 日のアポロ 12 号。アポロ 12 号は初めて人類が月に到達したアポロ 11 号の 4 ヶ月後に打ち上げられた宇宙船です。打ち上げの 36 秒後と 52 秒後に落雷に遭い，姿勢制御装置が破壊されるなどしましたが，月に到達し無事にミッションを終えました。

○初めてのスプライト（**Q32**）の観測：1989 年 7 月 6 日にウィンクラミネソタ大名誉教授により初めて観測されました。

○1 回の雷で死んだ家畜の最大数：2005 年 10 月 31 日にオーストラリアで 68 頭のジャージー牛が 1 回の雷で死んでしまいました。木の下にいる時にこの牛たちは落雷に遭いました。

（吉田　智）

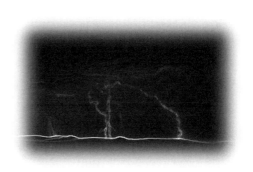

Section 3
各地のさまざまな「雷」

世界の雷分布は？

Answerer　鴨川　仁

　雷は全地球で1秒間に約50回発生していることが，雷の発光を観測できる NASA の人工衛星 OrbView-1（Microlab）と JAXA/NASA によって打ち上げられた熱帯降雨観測衛星 TRMM によってわかりました（**Q47**）。また，雷の9割が海上ではなく陸の上空で発生し，赤道付近は特に多くの雷が発生することがわかっています（**巻頭カラー口絵7**）。その理由は，陸は水に比べて比熱（1g あたりの物質の温度を1℃上げるのに必要な熱量）が小さいので，太陽光によって温められやすく，雷雲の発生に適した大気の不安定な状態を起こしやすいからです。

　衛星のデータで世界の雷を詳細にみていくと，ホットスポットと呼ばれる局所的に雷活動が活発な地域があります。世界で雷活動が最も活発なのは，南米ベネズエラ北西部のマラカイボ湖（**Q22**）とその周辺（コロンビアも含む），アフリカ・コンゴ民主共和国の東側ということがわかります。いずれも，1km² あたり年に100回以上の雷が発生するところです。コンゴ民主共和国では，大西洋からの局地的な対流と湿気を含んだ気団がアフリカ大陸に移動して山岳にぶつかるため，年間を通じて雷雲が頻繁に発生します（**Q11**）。南米ではボリビアのアンデス山脈近傍，ヒマラヤ山脈に近いパキスタンやインド・バングラデシュ国境など，山岳地帯で雷の発生頻度が高い地域があります。海からの暖かく湿った風と山岳などからやってくる冷気などで大気の状態が不安定になり（**Q11**），雷が多く発生する地域もあります。マラッカ海峡（マレー半島とインドネシア・スマトラ島の間の海域），オーストラリアの北西部，サウジアラビア・イエメンなどでは，海・陸と大気が相互作用す

3

各地のさまざまな「雷」

ることで活発化します。北米・中米では，キューバ等のカリブ
海諸島および，グァテマラ，メキシコの沿岸にホットスポット
があります。

　雷活動は気候変動とも大きく関係があります（**Q26**）。他に
も世界中の気象に影響を与えるエルニーニョ現象（南米ペルー
沖の海水温度が平年に比べて 1 年程度上昇する）が発生すると，
エルニーニョ現象が見られない年に比べて冬季のメキシコ湾内
の雷数が 2 倍になると言われています。

　最近，極端に大きなエネルギーを持つスーパーボルト（英語
は Superbolt で，ボルトは電圧を示す volt ではなく，稲妻・雷
を意味する bolt です）が科学者たちの興味を集めています。
これは 1970 年代に核実験監視用の衛星から日本海で発見され，
平均的な雷の 100 倍を上回る発光強度の雷があると報告され
たものです。近年，全球の落雷の位置とエネルギーを調べられ
る地上観測（**Q46**）や衛星観測（**Q47**）で盛んに研究がなされ
てます。地上観測の結果から，100 万 J（ジュール）＊を超える
エネルギーを持つ雷がスーパーボルトとされています。これは
以前から知られていた一般的な雷のエネルギーの平均の 1000
倍以上です。地上観測で検出された雷のうち 25 万回に 1 回が，
この条件を満たすスーパーボルトにあたります。スーパーボル
トは，大西洋の北東部と地中海といった海の上で広く発生して
おり，アンデス，南アフリカ，日本の近海などでも検出されて
ます。海の上で多く発生すること，11 月から 2 月までに多く
発生することは，まさに冬季雷（**Q25**）の特徴そのものです。
衛星による観測からも，同様な場所にスーパーボルトが発生し

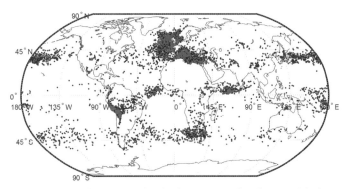

図 21-1　2010 年から 2018 年に観測されたスーパーボルトの分布（図は Holzworth et al., J. Geophys. Res, 2019 より）
黒の点はスーパーボルトと呼ばれる 100 万 J（ジュール）を超えるエネルギーを持つ雷。

ているとの報告がなされていて，そのほとんどが正極性落雷（Q5）と見られています。

＊ J（ジュール）…エネルギー，熱量，電力量，仕事を表す単位，1 V（ボルト）の電圧の中で 1 C（クーロン）の電荷を動かすのに必要な仕事量。

世界一雷が発生するのは
どこ？

Question 22

Answerer　吉田　智

　世界で最も雷が発生する場所としてギネスブックに登録されているのは，南米ベネズエラのマラカイボ湖です。マラカイボ湖はほぼ赤道直下に位置し，長野県と同程度の面積を誇る南米最大の湖です。ギネスブックによるとマラカイボ湖の最も雷活動が活発な場所では $1 \, \mathrm{km}^2$ あたり年間 250 回もの雷が発生しています。**巻頭カラー口絵8**は雷観測人工衛星 LIS（**Q47**）で捉えた年間雷発生数を示します。マラカイボ湖内の赤線が年間 $1 \, \mathrm{km}^2$ あたり 200 回の雷発生数を超える場所で，その内側が世界最大の雷発生地帯です。雷発生数が年間 200 回を超える領域は 20km 程度しかなく，非常に限られた場所に雷が集中していることがわかります。さらにギネスブックによると，マラカイボ湖では年間の雷発生日数が 300 日記録されています。1 年は 365 日なので，マラカイボ湖ではほぼ毎日雷が発生していることになります。中でも特に雷が多いのは 8 月から 10 月にかけての 3 ヶ月です。

　マラカイボ湖では，雷の多くは夜間に発生し，雷活動がもっとも活発になるのは深夜の午前 1 時からの 2 時間です。読者の方には雷は夕方に多く発生する印象があると思います。この傾向は世界的に見てもその通りで，多くの地域で現地時間の 16 時から 18 時に雷活動が最も活発になります。このようにマラカイボ湖では雷発生数が非常に多いことに加え，発生する時間も世界の他の地域と異なり深夜に多い特徴があります。

　マラカイボ湖に注ぐカタトゥンボ川河口付近で，とりわけ夜間に多くの雷が発生することは大航海時代からよく知られており，「カタトゥンボの灯台」と呼ばれていました。大航海時代

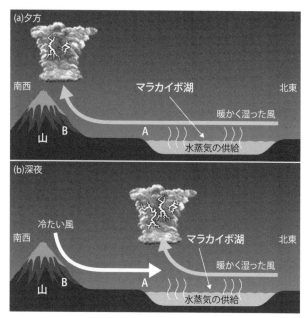

図 22-1　マラカイボ湖で雷の発生する仕組み
（a）夕方，（b）深夜。東北－南西の断面図の模式図。（**口絵8**の黒点線での
断面）

に船乗りたちが，夜間にいつも特定の場所で発生する雷を灯台
として使っていたという言い伝えがあります。マラカイボ湖で
深夜に雷が多いのは近年に限った話ではなく，少なくとも
500年以上も前から続いていた現象です。

　ではなぜ，マラカイボ湖にはこれだけ多くの雷が，それも深
夜に発生するのでしょうか？マラカイボ湖周辺の地形は，大雑
把に言うと東・南・西の三方は高い山に囲まれている一方で，
北は開けておりカリブ海に面しています（**口絵8**）。季節によ
り変化しますが，カリブ海からマラカイボ湖に向かって，地上
付近に北東の風（北東から南西へ吹く風）が発生します。この

風は昼過ぎから次第に強くなり，夕方に最も強くなり，日没後から徐々に弱くなって，明け方にはなくなります。カリブ海やマラカイボ湖から水蒸気の供給を受けるため，この北東の風は水蒸気をたくさん含んだ湿った風です。夕方にはこの風がマラカイボ湖の南西側の山岳部で持ち上げられ，雷雲を発生させ，山沿いで雷をもたらします（**口絵8のB**のあたり，**図22-1a**）。

日没後から深夜にかけて山岳部では急激に冷えるため，山岳部の冷された空気の塊は山を下り，マラカイボ湖の南西部に到達します。一方，カリブ海からの北東の風は山から降りてきた空気よりも暖かいため，この山から降りてきた冷たい空気の上に，暖かい北東の風が乗り上げ，ここに雷雲が発生します（**口絵8のA**，**図22-1b**）。北東の風は水蒸気を多く含んでいるので，雷雲は非常に発達し多くの雷が発生します（**Q11**）。このようにマラカイボ湖の世界最多の雷は，マラカイボ湖の三方を囲む高い山とカリブ海から入ってくる湿った北東の風が作り出しています。

日本では年間に雷はどれくらい発生しているの？

Answerer 鴨川 仁

雷から放射される電波を観測して，その電波の発生地点を求めることにより，雷の発生場所を推定することができます（**Q46**）。現在，日本でこれらの雷位置を推定できる観測ネットワークはいくつかあります。ここでは，世界中のボランティアが機器を設置し，データを共有する Blitzortung.org のデータを用いて，日本の落雷数を見てみましょう。2018 年から 2020 年までの 3 年間のデータからどこで雷が多いのか，調べてみます。

巻頭カラー口絵 9 が 1 km^2 あたりの 1 年間の落雷の回数です。多いのは，沖縄などの南方，本州の陸域その太平洋沖合に多い傾向です。逆に少ないのは，北方の海域です。世界での雷のほとんどは陸域であるのに対し，日本での雷は，南方の海域でも多く発生します。

日本の雷活動を季節ごとに特徴みてみましょう。**口絵 9** のデータから，夏（6 〜 8 月）と冬（11 〜 1 月）の 3 ヶ月だけを取り出して **口絵 10** で見てみます。**口絵 10** では，1 km^2 あたりの 1 日の落雷の回数を示しています。**口絵 9** と **口絵 10** では単位とスケールを変えてあるので注意してください。夏の雷は，関東北部に活発な活動地域（ホットスポット）があるのがわかります。冬季の雷（**Q25**）は日本海沿岸と茨城県沖で多く発生していることがわかります。日本海沿岸で発生する冬季雷については **Q25** でその仕組みを詳しく説明しています。一方，茨城県沖で発生する冬季の雷は，存在は研究者には知られているものの，日本海側の冬季雷と同じなのか，違うところはあるのかなどはまだよくわかっていません。

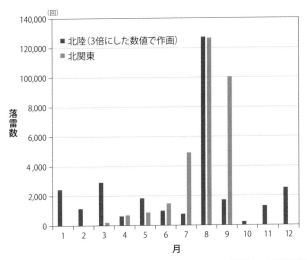

図 23-1　石川県を中心とした北陸と群馬県を中心とした北関東の月別落雷数
取得エリアはいずれも一辺が 100km となる正方形領域。

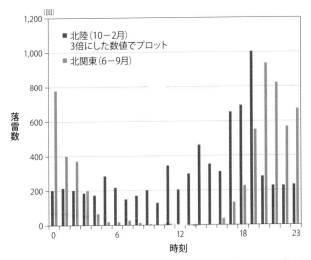

図 23-2　北陸の冬（10 〜 2 月）と北関東の夏（6 〜 9 月）における冬と夏の
落雷数の時間変化

次に，日本の雷の活動で特徴的な，北関東と北陸の落雷に着目してみましょう。まずこの二つの領域の落雷発生数の季節変化を見てみます（**図 23-1**）。**図 23-1** を見てみると，北陸では，夏季には北関東と同様には落雷件数が増えますが，北関東ではほとんど落雷が発生しない冬にも，一定数の落雷があることがわかると思います。これがまさに冬季雷（**Q25**）です。

図 23-2 に北関東の夏と北陸の冬の落雷がどの時刻に多いか示しました。北関東の夏の落雷は，夕刻から深夜までが最も活発な時間帯であり，太陽からの日射による大地への加熱が関係していることがわかります。一方北陸の冬の落雷は，北関東の夏の落雷のように夕刻で増加傾向はあるものの，時間帯で大きな差がなく，暖流によって運ばれてくる海水の温度が起因していることが理解できると思います。

・QR コード から，関連動画が視聴できます。

雷が起こる季節は？

 森本 健志

　読者の皆さんは冬の雷に遭遇したことはありますか？日本に
お住いの皆さんにお尋ねしても，その答えは二分すると思われ
ます。一般的に雷は夏の風物詩です。夏のよく晴れた暑い日に
高くせり上がった入道雲が発達（**Q2**）し，午後から夕方頃，
辺りが俄かに暗くなったかと思うと激しい雷と降雨が短時間に
一気に発生する「夕立」が，多くの人が思い浮かべる「雷」の
イメージではないでしょうか。「夏の雷（夏季雷）」は全国共通
で，歳時記によると「雷」は夏の季語とされています。

　一方で，本州の日本海沿岸地域に住む方々にとっては「冬の
雷（冬季雷）」もまた誰もが体験したことのあるごく普通の気
象現象で，北陸地方などでは本格的な冬の到来を前に寒波の襲
来と共に雷が発生することから，冬季雷のことを『雪おこし』，
またこれと季節を同じくしてやってくる回遊魚の名から『鰤おこ
こし』と呼ぶこともあります。

　当地の方にとって冬に雷が起こることは，梅雨期に長雨が続
くとか夏の終わりに台風が襲来するのと同じような毎年の季節
の気象現象ですが，実はこれ世界的にも珍しい現象なのです。
日本海沿岸地域のほかに冬季雷がその地域に住む人にとって当
たり前と言えるのは，ノルウェーの西海岸，北米の五大湖周辺，
地中海東岸くらいです。冬季雷が研究者に注目されるように
なったのは 1970 年代後半のことで，今では世界の研究者に特
定地域での冬季雷が認知されています。ちなみに先に述べた季
語の話には続きがあって，「雷」「雷鳴」「雷雨」は夏の季語で
すが，「稲妻」「稲光」は秋の季語，春には「春雷」，冬には
「寒雷」など雷に関する語が挙げられています。

日本では，秋田県から島根県に至る日本海沿岸で冬季にしばしば雷が発生しており，特に冬季雷のメッカとも言える福井県や石川県では，11月から3月の間で平均して1ヶ月あたり3日程度，多い時には10日以上で雷が観測されています（**Q23**）。雷研究に携わる前の筆者を含め，当該地域に暮らす方でなければ冬季雷を意識したことがあまりないかもしれませんが，言われてみると冬季の気象情報では日本海沿岸地域に「雷注意報」が頻繁に発令されているのに気付くでしょう。

　冬季雷には丁度よい温度があるようで，初冬の11月や12月には秋田県や新潟県，厳冬期になると石川県や福井県に活動の中心が移動することが知られています。最近では温暖化の影響か冬の雷活動もその中心を北上させているという報告もあり，かつてはあまり発生しなかった北海道でも冬に雷が見られるようになってきました。

　地域に限らず，落雷地点の大半は海岸線から沖へ100km，内陸へ30km以内の範囲に集中しています。夏季雷のように発生時刻が夕方に集中することはなく，一日を通してどの時間帯でも発生し（**Q23**），短時間に多数の雷が起こったり，長時間に亘って雷活動が継続したりすることはほとんどありません。寒気の流入や低気圧の通過に伴って，少しの数の雷が発生するというのが冬によくあるパターンです。数は多くないとは言え，冬季雷は油断できない厄介者で，電力や通信等のインフラ設備に甚大な被害を及ぼす原因となることがあります。近年急増した日本海沿岸地域の発電用風車に冬季の落雷による損害が多発し，海外では必要のなかった対策を余儀なくされたことからも，

「冬の雷」の影響の大きさを知ることができます。季節ごとの日本の雷活動は Q23，夏と冬の雷の違いは Q25 でも述べています。

夏の雷と冬の雷, 違いはあるの？

Answerer 森本 健志

　　1974 年に西ドイツで開催された国際大気電気学会において，日本の研究グループによって，夏季の落雷は 90％以上が雲内のマイナス（負）の電荷を大地に下ろす負極性落雷であるのに対し，冬季の落雷の大半は雲内のプラス（正）の電荷を下ろす正極性落雷（**Q5**）であることが発表されました。これは国際的な冬季雷研究の本格的な始まりと言え，日本と米国の複数の大学等の研究者らが冬季に北陸へ集い国際共同観測が展開されました。

　　これらの研究の結果，冬季雷は，主に以下に示す点が特徴的であることが明らかとなりました。まずは本項の冒頭でも述べた，正極性落雷の多さで，もともと雷の数が少ない冬季においては雷雲ごとにばらつきが大きいものの，全落雷のうち 2 〜 8 割が正極性落雷で，全体を均すと少なくとも 3 〜 4 割が正極性です。また，一旦雷雲と大地が電気的につながった後は，その放電路を通じて流れる電流のピーク値が 100kA を超える事例や 1 秒以上に渡って電流が流れ続ける事例が記録されています。この結果雷雲から大地へ下ろされる電荷量は，一般的な夏季雷で 10 C（クーロン）*程度であるのに対して，その 10 倍や 100 倍に及ぶこともしばしばです。通常落雷のエネルギーは中和電荷量の 2 乗で議論されるのでその威力は大きく，厳重な落雷対策を施した施設等へも被害を及ぼすことがあります。人工衛星等で宇宙から観測される稲光がひと際明るい現象はスーパーボルトと呼ばれていますが，これが確認される頻度も冬季に多くなっています（**Q21**）。また，鉄塔や高層建造物などから雷雲に向かう上向き雷放電（**Q10**）が多くみられ，ほぼ同時

図 25-1　北西季節風が日本海岸で雲を作るモデル図

に複数の高構造物から放電が進展することもあります。また，稲光と雷鳴が 1 回だけで後にも先にもそれっきりという「一発雷」が見られるのも冬季雷の特徴です。

　どうして冬季雷はこのような特異な性質をもつのでしょうか？雷を引き起こすのは雲内に溜まる電荷であり，雷雲が電気を帯びる（帯電する）のには雲内に温度や水分量，大きさなどが異なる粒子がどのように分布するかが大きく関わります（**Q3**）。冬季は夏季に比べて地上気温が低いため生じる上昇気流が弱く，夏の入道雲のように高高度まで縦方向に発達する電気を帯びやすい雲は発生しません。一方で，冬季の日本海沿岸地域を例にとれば，**図 25-1** に示すようにシベリアからの強い北西季節風が日本海を渡る際に水分補給され，海岸にぶつかることによって沿岸地域限定で断続的な上昇気流が発生します。その結果規模が決して大きくない局所的な小型の雲（セル）が筋状に並ぶことになり，霰や雪片などの電荷を帯びた粒子が低高度に広く分布することになります。最近では，長距離を進展する雷を始めから終わりまで追跡的に観測できるようになり，

水平方向に100kmを超えるような進展も記録されています。夏の雷雲では，上空の高いところに存在するはずのプラス（正）の電荷（**Q3**）が，強風で水平方向にずれたり下層のマイナス（負）の電荷が降霰によって先に大地に下ろされたりすることで，大地と正対して正極性落雷が発生しやすくなるという冬季の雷雲内電荷分布に関する考察もなされています。このような冬季雷を引き起こす冬の雷雲が成長する地理的および気象学的条件が揃う地域が先に書いた冬季雷発生地域で，このような電荷分布の違いから引き起こされる雷の性質も夏季雷とは違ったものになります。このように定性的には理解がなされていますが，特徴を全て説明できる完全な冬季雷モデルは存在せず，まだまだ研究が必要な分野です。

＊C（クーロン）…**Q1**, **Q3** 参照。

雷は昔に比べて増えている? 減っている?

Answerer　鴨川　仁

　気候変動と雷の活動の関係は多くの人にとって興味があることでしょう。夏の雷が活発な日が続くと，地球温暖化の影響では？という話がちらほら聞かれます。1990年代には，熱帯域の気温が高くなると，全球の雷活動の指標となるシューマン共振（**Q31**）の電波が強くなるとの報告があり，熱帯地域の気温変動と雷活動に相関があることが示唆されていました。

　それでは，こういった疑問に応えるために雷のデータと気温の関係を調べるにはどうしたらよいでしょうか。猛暑の夏や冷夏があるように，年によって平均気温は変動するので，気温と雷の関係を知るためには，半世紀から一世紀に亘るようなデータが欲しいところです。気温ならば100年以上のデータがありますが，地上観測（**Q46**）や衛星観測（**Q47**）で得られるような雷のデータは，せいぜい近年の数十年しかないのです。

　しかし，「人が雷を認識した日の数」という原始的なデータに着目すると評価方法に幅が広がります。気象庁は，気象台や測候所などの観測点で職員が雷を認識した日の数を，1ヶ月あたりの雷日数として提供しています。日本海側の冬季の雷日数は，はっきりとした増加傾向にあることが知られています（**図26-1**）。冬は雷雲が日本海の海上で発生するので（**Q25**），同じく気象庁が提供する平均海水温度と高層の気温を比べてみます。海面水温は上昇傾向にあり，海面から放出される水蒸気量は増加していると予想されます。一方高層の気温は低下傾向であるので，上空は冷え，海は温かくなって対流が強くなり，さらに水蒸気も増えていることが，雷活動が活発になっている原因の一つと考えられるでしょう。

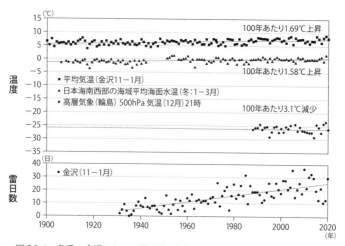

図 26-1　冬季の金沢における雷日数の経年変化と気温
（上）冬季の金沢の平均気温，日本海南西部の海域平均海水気温（1～3月），
金沢の北に位置する輪島における，高さ約 5500m（500hPa，12月の 21 時）
の気温の経年変化。（下）金沢の雷日数（11～1月）。

　雷日数のような人が判断するような記録であれば，古文書の
日記を読み解くことによって，ある程度長期間の評価ができま
す。ここでは，弘前藩庁日記に記載されている参勤交代先の江
戸での雷日数，気象庁（明治以降の前身も含む）の観測による
東京の雷日数と一緒にグラフに書いてみましょう。江戸・東京
の 7 月の気温は，明治以降の観測データに加えて古文書の記述
による推定値もあるので，比べてみることができます。温暖化
やヒートアイランド現象とみられる気温上昇が江戸・東京では
見られますが，雷日数も微増しているように見られます
（**図 26-2**）。このような研究はまだ少ないですが，気候変動と
雷活動の研究方法として今後注目される手法になるかもしれま
せん。
　一方，地球温暖化に伴って変化する雷活動の予測を目指した
研究もあります。ある研究では，大気中の空気を上昇させるた

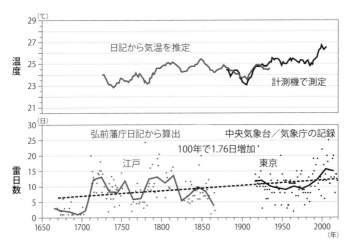

図26-2　江戸・東京における7月の気温（財城・三上, 2013）（上）と年間雷
日数（下）
　気温は11年移動平均を黒線(計測機器)，グレー線(日記記載の天候から推定)
で記載。雷日数は黒線（気象庁）とグレー（日記）にて記載。

めのエネルギーと降水量を用いて米国本土の落雷頻度をモデル
化しました。このモデルによれば気温が1℃上昇すると落雷の
数が12％程度増えるとの予測をしています。また，大気中の
CO_2 濃度が増加すると，海水に CO_2 が溶け込んで酸性化します。
その結果，つまり海水が電気を通しやすくなる（導電性が高く
なる）ため，海への落雷頻度が増えるという予測もあります。
IPCC（国連気候変動に関する政府間パネル）による最も高い
CO_2 排出シナリオに従えば，海域の落雷は2000年と比較して
今世紀末までに約3割増加するであろうとのことです。
　以上の最新の研究から判断すると，結論としては，雷は最近
昔に比べて少し多くなっている地域があり，今後も増えそうで
す。

南極では雷が発生しないって本当？

Answerer 鴨川 仁

南極大陸内で落雷が発生したという明確な報告はありません。雷の発生に必要な積乱雲が生成できる環境にないからと考えられます。雲を作るためには，核となる粒子と水蒸気が必要です。また，積乱雲の発生には，下層に大量の水蒸気供給があることと地面から上空間に大きな気温差が必要とされます。いずれも南極大陸では条件（**Q12**）が見合わず，電気を持つ雷雲が生成されないわけです。

一方，水蒸気の発生源がある南極大陸近海では，ごくわずかですが，雷が発生しています。全世界での雷発生率を調べているMicroLab-1 衛星（**Q21**，**Q47**）は，北緯・南緯75°まで観測対象としていたため南極大陸沿岸まで調査ができたのです。その結果非常にわずかですが，南極近海でも雷が発生していることがわかりました（**図27-1**）。地上観測網による雷電波を用いた落雷位置標定によっても，南極近海の雷は確認されています。この観測結果によると，南極近海の夏の雷は正極性と負極性落雷（**Q5**）がほぼ同数あり，約9割が負極性落雷となる通常の夏季雷とは異なる特徴がありました。一方，北極域では，以前より雷の存在が知られています。最近では，温暖化に伴い，落雷数が増えてきている可能性が指摘されてます。

南極での放電といえば超高層でのオーロラという放電・発光現象があります（**図27-2**）。オーロラの光る原理は，蛍光灯やネオンサインと同じ真空放電です。太陽起源の高いエネルギー粒子は地磁気に沿って運動することから，地磁気の出入口になる南極や北極では，これらの粒子は大気へ突入します。そして高いエネルギーゆえに大気を放電させ発光させます。ただオー

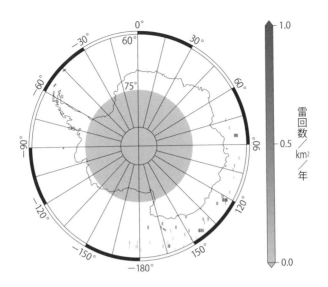

図 27-1　南極大陸周辺部での雷発生地域
　衛星による観測（**Q47**）。南緯 75°より南のグレーの部分は観測範囲外。

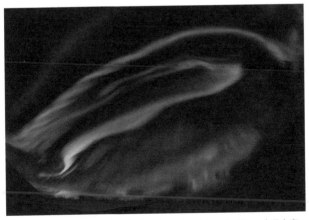

図 27-2　昭和基地から見えた南極のオーロラ（提供　第 57 次日本南
　極地域観測隊 源泰拓隊員）
　雷放電とは似ていない放電現象。

図 27-3　帯電雪粒子を生成し続ける南極の地吹雪（昭和基地にて）（提供　第 57 次日本南極地域観測隊 源泰拓隊員）

ロラは，雷とは仕組みにおいて類似性が高くないので，解説は多数出版されている他書に譲りましょう。

　次に，大気中の大きな放電である雷とまではいかなくとも，冬場のセーターを脱ぐ時に発生する大気中の小さな放電まで視野にいれるとどうでしょうか？　南極大陸は湿度が低く，常に低温であり，雪は粒の細かいさらさらの状態です。その雪の粒は風によって流され，地表の雪面と衝突を繰り返すことによって，帯電します。粒子の多くはマイナスに帯電しているため，雪面はプラスの電気を得ることになります。この帯電の仕組みは，積乱雲内の氷晶・霰・雹などの氷の粒での衝突による帯電の仕組みと類似しています。乾いた雪粒は，何度も雪面と衝突して電荷をたくさん溜めて，やがて放電します。わかりやすく言えば，地面側に雷雲と同じような電気の偏りが存在しているのです。昭和基地などで生活している南極観測隊員は，この静電気に悩まされています。南極の乾いた雪面や岩だらけの地面は，電気が流れにくく，接地（**Q17**）が取りにくいことで知

られています。そのため，溜まった電気はなかなか逃げ出さず，バチッと放電すると電気機器の故障をもたらすことがあります。南極でしばしば発生する地吹雪時（**図 27-3**）では電波の雑音が発生することから，地表付近に放電が発生している可能性はあります。

　雷にとっても未知の世界の南極ですが，南極大陸の落雷の報告や地吹雪による放電の映像が将来得られるかもしれません。

・QR コード から，関連動画が視聴できます。

火山噴火と一緒に雷が発生しているって本当？

Question 28

Answer 吉田 智

3

各地のさまざまな「雷」

　雷と言えば，通常雷雲内の現象ですが，火山の噴火に伴って発生する雷があります。これを火山雷（かざんらい）と呼びます。火山雷は噴煙内の正や負の電荷領域を中和する現象で，基本的な構造は雷雲内の雷と似ています。**巻頭カラー口絵15**は鹿児島県の桜島の火山雷です。火山雷に馴染みない方は，ぜひインターネットで「火山雷」の画像検索をしてください。迫力のある綺麗な火山雷の写真をご覧いただけます。ほとんどの写真がそうだと思いますが，噴煙と火山雷が一緒に撮影されている，つまり火山噴火と同時に火山雷が発生しています。世界で噴火している火山のうち，およそ3割程度で火山雷が確認されています。日本では新燃岳（しんもえだけ）や桜島等で火山雷が確認されています。

　火山噴火は地球内部の1000℃以上の高温のマグマが火口から地上に出てくる現象です。マグマは溶けた高温の岩で，地表に出ると空気で急激に冷やされ固まります。マグマは冷やされる過程で噴火の力で分裂し，さらに分裂後にお互い衝突を繰り返し，最終的には噴石や火山灰となります。

　火山噴火時には噴石の分裂や衝突の過程で，電荷が分かれる電荷分離が発生します（**図28-1**）。噴石同士が衝突した場合小さい噴石がマイナスに，大きい噴石がプラスに帯電します。噴火による非常に強い上昇気流により小さく軽い噴石や火山灰は上の方へ，大きく重い噴石は下の方へ集まります。結果として，上にマイナス（負），下の方にプラス（正）の電荷領域が形成され，その電荷領域間や電荷領域と地面の間で火山雷が発生します。噴石の衝突による電荷分離に加え，噴石の分裂など他のプロセスでも電荷分離が発生し，火山雷発生に寄与しています。

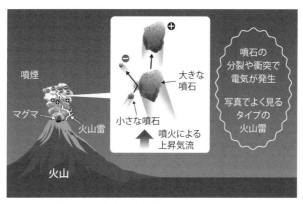

図 28-1　雷が多く発生する積乱雲の内部

このタイプの火山雷の帯電は噴石の破壊や衝突により発生するため，噴火時に電荷分離が活発となり，噴火時に火山雷の多くが発生します。これが**口絵 15** を含め，火山雷の多くが噴火と一緒に写っている理由です。大きな火山噴火の場合，噴石や火山灰の量が多い傾向にあり，発生する電荷量も多くなります。このため，大きな火山噴火時により多くの火山雷が発生する傾向があります。

　一方で，火山の噴火口から数十 km 以上離れた火山の噴煙中でも，少数ですが火山雷が発生します（**図 28-2**）。こちらは噴火から遅れて発生します。火山噴火ではマグマの噴出とともに，火山ガスとして水蒸気が大量に放出されます。大きな噴火の場合，噴煙は高くまで上がります。噴煙の高度が 5 km 以上となると気温は通常，夏の場合でも氷点下となるため（**Q2**），噴煙内部で水蒸気は水となり，最終的に凍り始めます。噴煙内部では様々な大きさの氷が発生し，噴火による強い上昇気流の中で，大きな氷（霰）と小さな氷（氷晶）がぶつかり合います。気温−10℃から−30℃の状況で衝突すると，霰はマイナス，氷晶

図28-2 噴火口から離れて発生する火山雷

はプラスとなります。噴火の上昇気流で氷晶は上空まで運ばれ，上の方はプラス，下の方はマイナスの電荷領域が形成され，この電荷領域間で雷が発生します。この電荷領域の発生のメカニズムは，通常の雷雲での電気の発生と同じです。（**Q3**）。つまり，火山ガスの一つである水蒸気と噴火による上昇気流が通常の雷雲と似た状況を作り出し，結果として噴煙中に火山雷が発生しています。

　これまで述べてきた通り，火山雷の発生は火山噴火に伴うため，火山雷を観測して火山噴火を監視することも可能です。電波観測（**Q46**）や人工衛星（**Q47**）を用いて火山雷を観測した事例も報告されており，火山雷の観測技術を用いた火山噴火監視に応用されていくことが期待されます。

地震と雷は関係あるの？

Question **29**

Answerer　鴨川　仁

　大地の突然な動きで生じる力学現象である地震。大気中の電気現象である雷とは関係がないと思われるかもしれません。しかし，この二つの現象に関係があるかもしれないと研究に取り組んだ人がいます。夏目漱石「三四郎」のモデルとなった明治時代を代表する物理学者，寺田寅彦です。彼は，1931 年に出版した論文で，関東地域の雷活動と地震発生の相関関係を議論しています。この論文では，地震発生と雷が相関する可能性は無視できないとされています。雷雲が持つ静電気が大地に力を及ぼし，地震の誘発につながる可能性等を考えた研究でしたが，現代の知見からみると，地震と雷の関係を示せたとは言えないようなものです。このような二つの自然現象の関係性を探る研究は，なかなか難しいものです。現代では落雷位置の標定（**Q46**）ができることから，震央（地震の震源の真上の地点）と落雷地点との比較をするなどの研究はなされていますが，落雷が地震を誘発した，という因果関係を多くの研究者を納得させる形で示した報告はありません。

　逆に，地震が雷を起こすことはあるでしょうか。落雷のように上空とつながるような発光現象ではありませんが，地震発生時（一部は発生前にも）に閃光現象や球状の火の玉が見られたという報告は，紀元前から，数多くの史料や書物に記されています（**図 29-1**）。地震時の閃光現象（一般には地震発光と呼ばれる）を，世界的に有名にさせたのは，1965 年から 5 年以上続いた長野県・松代群発地震です。この地震は，世界的・歴史的にも極めて珍しい長期の群発地震であったため，多くの研究者が現地に出向いて観測を行っていました。そのため，地元の

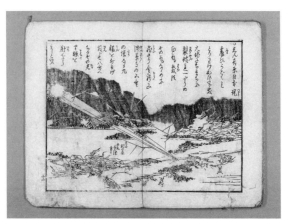

図 29-1 「江戸大地震末代噺の種」に描かれた，安政 2 年 10 月
2 日安政江戸地震（1855 年 11 月 11 日）時の発光現象（東
京大学和古書類目録データベースより）

市民のみならず研究者も地震発光を目撃しています。なかでも，
地元の歯科医であった栗林亨さんが地震発光現象の写真を熱心
に撮影しており，世界的にもよく知られています（**図 29-2**）。
　地震発光現象の原因はまだ解明されていませんが，現代では
世界中の多くの場所で防犯カメラなどによる録画がなされてお
り，このような地震発光が起こった場合，動画という決定的な
記録が残りやすい環境下にあります。また，動画投稿サイトの
普及により，地震発光が捉えられればすぐにその映像が世界中
で見られるようになり，研究対象としても注目される状況に
なっています。2007 年 8 月 15 日ペルー沖においてマグニ
チュード 8 の大地震が発生しました。震央から 150km 北には，
ペルーの首都リマがあり，多くの人が発光現象を目撃しました。
動画は複数箇所で撮られ，動画投稿サイトにアップロードされ，
世界的なニュースにもなりました（**図 29-3**）。複数の研究者が，
これらの発光が自然現象であるとする論文を発表しました。し

図 29-2　1966 年 9 月 26 日 3 時 25 分に栗林亨氏によって撮影された
発光（提供　気象庁松代地震観測所）
　　最も輝いた時 40 秒間は満月の明るさの 3 倍ぐらいだったとのこと
である。ただし本群発地震における個々の地震発生と多数目撃され
た発光の関係は不明瞭である。

図 29-3　地震発生時の発光現象
　　（左）動画サイト Youtube に投稿されたペルー首都リマでみられた 2007 年
ペルー沖地震時。（右）静岡県中部の地震時。

かし，類似の発光現象に対する筆者らの調査では，この時に観
測された発光現象は都市部の変電施設で地震動によるスパーク
である可能性が高いとしています。類似の発光現象は 2001 年
4 月 3 日静岡県中部の地震時（**図 29-3**）や 2011 年 3 月 11
日東北地方太平洋沖地震（東日本大震災）時にも，テレビ局の
常設カメラによって発光現象が記録されています。とりわけ都

市部では，地震発光と人工物に起因する発光を判別することは難しいのですが，地震発光はいわゆる「電気」がなかった時代から伝えられる現象であるので，自然現象として存在するものと考えられます。地震発光の真実に迫る動画が得られる日が来るでしょうか。

3

各地のさまざまな「雷」

火の玉は実在するの？

Answerer 鴨川　仁

　現代でも未解明な大気中の発光現象に，火の玉があります。かつては火の玉は墓場などで発生するとしばしば言われ，多くの漫画やアニメなどでも，幽霊がでるシーンで火の玉が発生したりします。かつては墓場で発生するという伝説があったため，火の玉は土葬された遺体に含まれるリンが自然発火したものと解釈されることが多々ありました。

　しかし，興味を持った研究者たちが古今東西の目撃例をまとめたところ，雷活動が活発な時期に火の玉が目撃された事例が多く，その一部は，落雷の発生に伴って出現したとされていました。現在では，火の玉の少なくとも一部はリンに起因するものではなく，電気的な現象と考えられています。これらの電気的な現象は，球電ないしは球雷（英語では Ball lightning）と名付けられて研究の対象になっています。目撃例によれば，球電のサイズは，数 cm から数十 cm 程度，色は赤，オレンジ，白，黄色などが一般的とされています。

　球電は，専門的な雷の教科書にしばしば取り上げられていますが，科学的には存在そのものも未だあいまいです。現代の社会では，数多くの監視カメラなどによる映像が常時，稼働しているはずですが，誰もが存在について納得するような火の玉，球電の映像はないと言ってもよいでしょう。目撃例を図や絵画に表したもの（**図 30-1**）は古くからありますが，ほとんどの写真・映像については，何らかの光の反射などが写り込んだのではないかと疑われています。例えば，**巻頭カラー口絵 16** の写真は長野県の黒姫高原における球電であろうという写真として広く知られたものです。撮影者は，発光する物体を見つけた

GLOBE OF FIRE DESCENDING INTO A ROOM.

図 30-1　1895 年 8 月 24 日朝に目撃された球電（NOAA 図書館コレクションより）
煙突を通って屋内に球電が入り込む様子。

ため手持ちのカメラで即座に撮影したと報告しています。しかし，発光する物体の尻尾のような放電路らしきものは，写真の背景にある山の尾根の形状にも類似しているため，なにかの光の反射を発光物体と勘違いしたのではないかと疑念もあります。

さらに，球電の発生する仕組みは，多くの人を悩ませている問題です。雷発生時に球電がみられることが多いので，雷から発生した電波が，山や谷で反射し，干渉によって大気がプラズマ化するという機構を考える人は多くいます。事実，このメカニズムを模した実験として，通常の大気の中で発光物体がマイクロ波（電子レンジから発生する電波）を円筒の金属の中に閉じ込めることによって，発光物体が発生することが示されています（**図 30-2**）。この実験では，目撃例にもある，風向きに逆らって進む球電，窓ガラスを破壊せずに透過する球電などの現

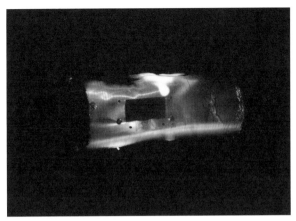

図 30-2　球電の実験
マイクロ波を金属の空洞共振器内で干渉させることによって大気
中にプラズマを発生させる。

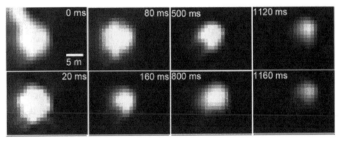

図 30-3　球電の時間発展の様子（Cen et al., Phys. Rev. Lett., 2014 の図 3
を改変）

象を説明することができています。しかし，実験で用いたマイ
クロ波の強度は自然時で発生するものよりも遥かに大きいため，
あくまでも仮説の一つにすぎません。

　2012 年夏，チベット高原で落雷がきっかけで発生した球電
らしきものが科学計測された事例として報告されました
（**図 30-3**）。この報告によると，球電の寿命は 2 秒程度で，発

光を分析をすると，土壌の成分が含まれていたとのことです。
この事例は落雷の観測の最中に運良く捉えることができたもの
のようです。この成果だけでは，多くの球電の性質を説明でき
るものではありませんが，火の玉の研究を進めるための貴重な
事例となっています。

3

各地のさまざまな「雷」

世界の雷活動と地表の静電気はつながっているの？

　地球には磁気が存在しており，地磁気と呼ばれています。磁石はその磁気から力を受けるため，この原理を利用して方位磁針が発明されました。日本では奈良時代には方位磁針が海外から入ってきたようです。地球全体が磁石になっていると言ったのは，1600 年に出版された「磁石論」という書籍の著者であるイギリスの科学者ウィリアム・ギルバートでした。

　一方，電気は，地球規模で存在するのでしょうか。1752 年のベンジャミン・フランクリンの有名な凧の実験（**Q53**）のあと，フランスの科学者やイタリアの科学者が晴天時の大気に微弱な静電気があることを見出しました。それには日変化があり，19 世紀初頭には地球規模でこの静電気があることに気づきます。そして 20 世紀初頭には，研究観測船カーネギー号で全世界航行する航路上で得られた観測データを基に，晴天時の大気中の電気の日変化は，全世界どこでも同期している（つまり昼夜や太陽の高さとは無関係）という大きな発見がなされます。ではなぜこの電気があるのか，という疑問は，地球全体が電気回路（**図 31-1**）になっているからだという結論に至ります。電気が流れるぎりぎりの高度 60 ～ 80km である宇宙との境界（**Q32**）と，同じく電気の流れる大地（**Q17**）は，いわばコンデンサの球殻状極板になっており，電気を蓄えられる性質があります。そのコンデンサ間は，25 万Ｖもの電位差があります。大気は，非常に微弱ですが電気を流す性質があり，この電位差の間は，晴天領域であれば上空から大地へわずかな電流が流れます（つまり漏電）。一方コンデンサに蓄えられた電気はどのようにして補充されているかについては，全球の雷活動による

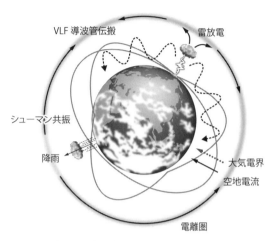

図 31-1　全地球電気回路
直流回路と交流回路ともに存在する。

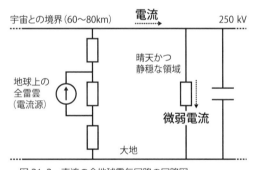

図 31-2　直流の全地球電気回路の回路図

であろうという仮説がでました。全球の雷活動は，三つの大陸の地方時が夕方で発生しやすいため，その地方時が夕方となるところに，大気電気のピークが発生します。そのようなことから，地球規模で直流の電気回路（全地球電気回路）が存在する

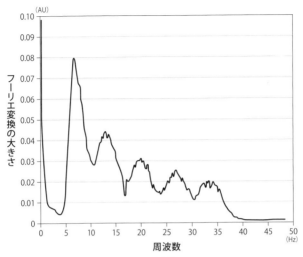

図 31-3　シューマン共振の共振周波数

ということがわかってきました。日本ではこの回路をグローバルサーキットと呼ぶことが多いです。この回路図を図示すると **図 31-2** のようになり，簡単になります。

　一方，直流以外にも交流の電気回路が見つかります。宇宙との境界と大地は，コンデンサの極板ですから，電気を通すだけでなく電波も反射させます。電子レンジは，金属で囲われており，中には入れた電波は周りの金属で反射をし続けるために閉じ込められます。これと同じように，宇宙との境界と大地の間に電波を閉じ込めることができると予想した人がいます。それはシューマンという物理学者で，彼はこの地球スケールの球殻状の箱に雷で発生した電波が閉じ込められると予想したのです。その予想が的中し，8 年後バルサーとワグナーが電波を検出し，論文誌「Nature」で発表します。この電波は，非常に低い周波数帯で，極超低周波帯 ELF（Extremely Low Frequency）の

電波です。閉じ込める状態というのは電波の反射によっておこる共振（あるいは共鳴）状態であるので，この地球規模で閉じ込められた電波はシューマン共振（共鳴）と現在では呼びます。その共振周波数は地球の円周と電波の波長に関係しており，1秒間に7回振動する7Hz，その倍の14Hz，その3倍の21Hz…と，Hzの整数倍の振動です（**図31-3**）。このシューマン共振の電波強度も前述の微弱電気と同じように日変化，そしてもちろん季節変化，経年変化をします。

宇宙に雷はあるの？

Answerer　鴨川　仁

　落雷は雷雲と電気を流す性質のある地表との間で起きる放電現象です。一方，電気が流れる領域は，地表だけでなく上空にもあります。高度約80km以上に存在する電離圏（100km以上は宇宙）ではごく薄い大気がプラズマ化（**Q6**）して，電気が流れやすくなっています。それならば，雷雲の下だけではなく，上にも放電が発生するのでは？と期待が高まります。その予想を発表したのは，放射線の経路を目で見ることができる「霧箱（きりばこ）」の発明でノーベル物理学賞を授賞したウィルソン（**Q53**）でした。

　彼は，1924年の論文で「雷雲から地表への雷によって雷雲内の電気がアンバランスになると，雷雲から上空の密度の小さい空気中で放電も発生する」予想を発表しました。その放電が確認されるのは半世紀以上後になります。1989年，超高層探査ロケット搭載用の高感度ビデオカメラのテスト撮影を地上で行っていた時に，雷雲の上空に発光現象が映っていたのです。この上空の発光現象は，飛行機のパイロットや船乗りなどの間では知られていましたが，写真などの確たる証拠がなかったのです。映像の取得に成功した後も，しばらくはその性質がよくわからなかったため，不思議な小さな生きもの，妖精を表す文学的な表現"スプライト（sprite）"と呼ばれるようになりました。

　後は，このスプライト（**巻頭カラー口絵11**）のような雷雲上空の放電現象が次々と見つかりました。エルブス（**図32-1**）と呼ばれる発光現象は，落雷によって発生する電波が宇宙へ向かう時に，空気の密度が小さい電離圏中の電子を振動させ，そ

図 32-1　岩手県上部で発生したエルブス（左）巨大ジェット（右）
　エルブスの写真の左下にリング状発光の一部が見える。（2014年8月6日富士山頂・旧富士山測候所から撮影）

れが大気の分子に衝突することで起こる発光現象です。つまり，雷雲から大地に落雷があると，その上空では落雷位置を中心とした電波が池に落ちた石による水の波紋のように広がっていき，リング状の光となっているわけです。

　ほかにも，雷雲から下部電離圏まで放電がつながる（**Q13**）巨大（ジャイアンティック）ジェット（**図32-1**），雷雲雲頂で発生するブルージェット，ブルースターター（**口絵12**）など，雷雲より上空の放電発光現象が次々と見つかりました。これらの発光現象は，高高度放電発光現象，Transient luminous events（TLEs）と呼ばれています（**図32-2**）。高高度放電発光現象の光は落雷に比べて微弱であり，発光の持続時間も0.01秒から0.1秒程度です。色は青，赤，紫などで，発光する高さの大気の成分によって異なります。

　衛星からの3年間の観測によると，高高度放電発光現象のうち，最も発生頻度が高い現象は，エルブス（80.7％）で，スプライト（9.4％），ヘイロー（スプライト上部に光輪をともなうもの）（9.8％），巨大ジェット（0.2％）の順と報告されています。また，雷の発生数と高高度放電発光現象の発生数を比べた研究は少なく，高高度放電現象の発生確率はそれほどよくわかっていません。ちなみに，正極性落雷に伴って発生するスプ

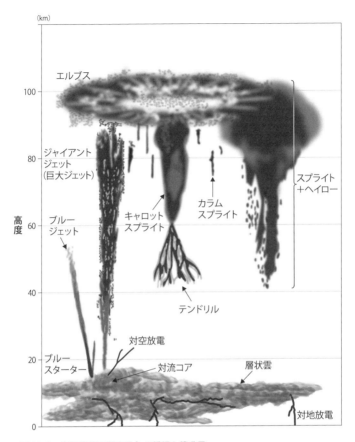

（km）

100

80

60

40

20

0

高度

エルブス

ジャイアント
ジェット
（巨大ジェット）

ブルー
ジェット

キャロット
スプライト

カラム
スプライト

スプライト
＋ヘイロー

テンドリル

ブルー
スターター

対空放電

対流コア

層状雲

対地放電

図 32-2　高高度放電発光現象の種類と積乱雲

ライトの発生率は 2.5％〜 50％とされていて，ばらつきが大
きいです。

・QR コード ■■■ から，関連動画が視聴できます。

雷は地球以外の惑星でも発生するの？

Answerer 鴨川 仁

　地球以外の惑星にも雷はあります。惑星に大気があり，対流が生じ，大気中の粒子に摩擦などによって正と負の電気の偏り（分極）が生じれば，地球と同じように雷が発生する可能性があります。現在，雷の存在が確実視されているのは，木星と土星で，天王星でも雷が起きている可能性が高いとみられています。一方，金星と海王星については，雷が存在するか否かの議論が長く続いています。火星でも，積乱雲のように対流によって生じる雷ではありませんが，大気中での放電が起こっているのではないかという議論もあります。惑星の雷観測には宇宙探査機や大型の望遠鏡が必要です。雷を捉えたという確証を得るには，雷活動の発光を捉える（**巻頭カラー口絵 14**）ほかに，雷から発生する特徴的な電波（**図 33-1, column 3**）を観測することも有力な証拠になります。

　木星は地球に比べて太陽から 5 倍遠いところにあるため，太陽から受け取るエネルギーは面積あたり 25 分の 1 とわずかです。しかし，木星では太陽からのエネルギーだけでなく，木星そのものの発熱も熱源となって対流が発生します。木星の大気の状態は地球とは異なり，赤道上では自身の発熱と太陽光がバランスをとるため安定していますが，南極・北極域では不安定になります。そのため，雷は極域に発生します（**口絵 14**）。近年では，スプライト（**Q32**）と思われる放電の発生なども報告されています。

　土星でも雷からの電波や光が捉えられており（**口絵 13，図 33-2**），雷の存在がはっきり認められています。天王星では，古くから雷から発生する電波が検出されていました。その特徴

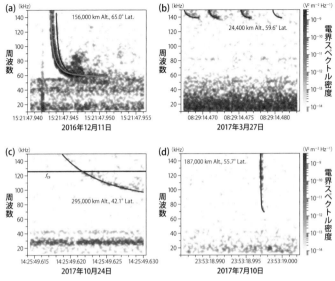

図 33-1　木星における電離圏を通過した雷起源の電波の証拠とされるホイスラー波（F3）（Imai et al., Nature Commu., 2019）

は土星の雷と似ています。さらに近年では，雷の発光も捉えられ報告されています。

　金星については 1970 年代の旧ソ連の金星探査機による観測をはじめとして多くの探査機で，雷起源と思われる音波や電波を捉えたという報告がありますが，雷の有無を決定づける確証は得られていません。そのため，2010 年に打ち上げられた日本の金星探査機「あかつき」がこの問題の決着のために雷の観測を行っています。2020 年末，「あかつき」が雷の発光を捉えたかもしれないという報告がありました。今後，金星の雷の議論の決定打を出すことが期待されます。

　火星は，かつて表面を水が流れていたとする研究もありますが，今は，火星表面全体がいわゆる砂漠の状態になっています。

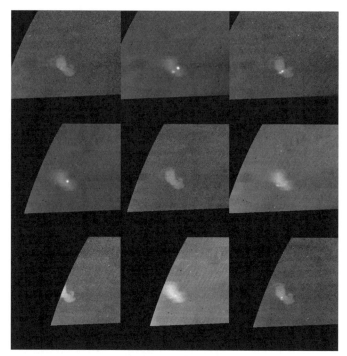

図 33-2　探査機カッシーニで得られた土星の夜側での雷（NASA）
　　　　　点状になっているものが雷の発光。

火星ではダストストームと呼ばれる大規模な砂嵐がたびたび発生します。このような砂嵐の中では，摩擦や衝突を通じて砂粒に電気が帯びると考えられます。そして，帯電した粒子の放電，つまり雷が発生するのではないかという指摘がなされています。これまでのところ，火星の大気中の放電を観測した報告はありますが，研究者の間での定説にはなっていません。この問題を決着つけようと，2016 年，欧州宇宙機関（ESA）は，火星探査計画「ExoMars」の中で，地上探査機に雷探索のための機器を搭載しましたが，着陸に失敗し，観測が断念されました。火

星の雷，あるいは放電の有無については，今でも謎は残ったま
まです。

生命の起源には雷が関係しているの？

Question 34

Answerer 鴨川 仁

　原始地球は原始太陽星雲に漂っていたダスト（塵）が互いに衝突することで徐々に形成されていきました。そして，塵に含まれる重い原子は地球の核へ，揮発性気体は地球の周りに集まり，表面はマグマオーシャンの高温な状態になりました。これらが冷却され，地表面が冷え固まり，排出された水蒸気が水となり地球には，大気と海洋ができ上がったとされています。大気と海洋ができていれば当時から雷雲・落雷・火山雷(か ざんらい)は発生していたと考えられています。

　生命の起源は諸説ありますが，雷が関係していたと考えた研究者がいました。アメリカの大学院生ミラーは，師のユーリーと共に，**図34-1** に示されるような実験を行いました。彼らは当時考えられていた原始大気の主成分である水，メタン，アンモニア，水素を気密となる複数のフラスコと管でつないだ中に閉じ込め，水を熱し水蒸気を発生させ，別のフラスコで雷を模した放電を行い，水蒸気は冷却し水に戻すようなシステムを作り出しました。そして，この実験を1週間ほど行うことで，生命にとって重要なタンパク質の構成要素であるアミノ酸が生成されることがわかりました。簡便な実験でアミノ酸が生成できることに当時多くの研究者は驚きました。

　しかしながらその後の研究で，原始地球の大気はメタン，アンモニアといった還元性気体ではなく，二酸化炭素，窒素酸化物などの非還元性気体が主体であろうとされています。ゆえに酸化的な大気では有機物の生成は困難であることから，大気中ではなく水中での放電が有力視されてアミノ酸まで生成されることはその後の研究で示されています。しかしながら，現在，

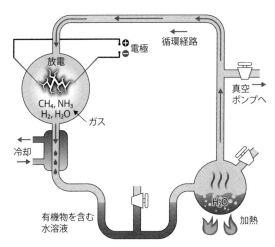

図 34-1 ミラーらによって行われた実験の概略図

放電によって無機物から有機物が生まれるといった雷起源説は有力ではなくなっています。現在ではアミノ酸の生成は，雷といった放電よりは，粘土鉱物や深海の熱水などが触媒ではないかと考えられています。

column 3　雷の口笛

　宇宙に関連する雷からの電磁波として「ホイスラ（whistler）」が知られています。雷から放射される電磁波のうち，周波数がおよそ 30kHz 以下，波長でいうと 10km 以上の超長波帯電磁波が上空にある電離圏（**Q32**）を突き抜け宇宙空間に出た後，その上にある磁気圏を地球の磁力線に沿ってその進行方向を変えながら進み，反対半球側に戻ってくるというものです（**図1**）。

　この伝搬では，雷から同時に出発した電磁波のうち周波数の高い成分が低い成分より早く到達する（**図2**）ことから，反対半球で受信された信号を音に変換すると口笛のように聞こえます。近くで「ゴロゴロ」と聞こえていた雷鳴が，遠く反対半球には口笛のような「ピュー」という音になって届くのです。「ホイスラ」を観測することによって，磁気圏の様子を知る研究が行われています。また，人工衛星で観測した事例や木星などでの観測事例も報告されています（**Q33**）。

（**森本健志**）

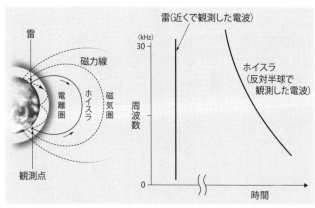

図1　ホイスラが伝搬する様子　　図2　ホイスラのスペクトル

Section 4

「雷」から身を守る、モノを守る

落雷しやすい場所は？

Answerer 森本 健志

　落雷しやすい場所は，ずばり「高くて尖っているところ」です。**Q1** や **Q5** などでも述べているように，落雷は雷雲と地面にある極性の違う電荷の間にできる電界（電気的な傾斜）があるレベルを超えた時に発生します。実はこの雷発生のきっかけについては，まだまだわかっていないことが多く残されていますが，少なくとも強い電界が必要であることは間違いありません（**Q4**）。雷雲と地面という二つの電極の間に一定の電圧がかかっているとすると，地上から延びる高い構造物では周囲よりも極板間の距離が近くなるため，電界は強くなります。また，平らな箇所に比べて尖っている場所には極板内の電荷が集中しやすい性質があり，強い電界が発生しやすくなります。

　Q7 で詳しく解説しているように，一般的な雷は雲内から開始して，落雷の場合はリーダと呼ばれるプラズマが地上に向かって下りてきます。これは雷雲内に溜まった電荷が進みやすい経路を探しながら少しずつ伸びてきている過程です。この時，地上にある「高くて尖っているところ」では，周囲に比べて電界が強くなっており，雷雲から延びてきている放電路に反対側から手を差し伸べているようなものです（**図 35-1**）。行き場を探しながら伸びてきているリーダが，地上から差し伸べられた手から伸びた「お迎えリーダ」（**Q7**）と結びついた瞬間，雷の放電路によって正負の電荷間に導電性の道がつながったことになり，一気に大電流が流れるリターンストローク（**Q8**）が発生し，激しい音や光が生じます。これが落雷です。このように考えると，雷に撃たれたくなければできるだけ低く平らに，結びつく先を探して迫ってくるリーダに対しては手を差し出すの

図 35-1　落雷地点を探すリーダのイメージ図

ではなく，できるだけ目立たないように隠れることが必要だと
わかっていただけるでしょうか。逆に敢えて「高くて尖った」
条件を作り雷が落ちやすくしているのが避雷針（**Q42**）です。

　ここで言う「高い」とか「尖る」というのは，高さや曲率が
いくらというものではなく，周囲との比較です。落雷地点は，
お迎えリーダの先着順で決まります。枝分かれを伴って広範囲
に広がっていたリーダも，このうちの一つが大地につながると，
他のリーダはそれ以上進むことを断念し，電荷がつながった経
路を通じて大地に流れ込みます。**Q42** で「保護角」と呼んで
いる高さが有効な周囲の範囲は，高さと同じくらいの範囲です。
つまり，例えば高さ 300m の構造物が周辺で一番高いとして，
背が高い効果で周囲よりも落雷しやすいのはせいぜいその構造
物から 300m の範囲内で，300m の構造物から 300m 離れて
高さ 100m のものが立っていれば，300m の構造物と同じよ
うに 100m の構造物も落雷しやすくなります（**図 35-2**）。また，
構造物の形状，リーダが斜め方向に迫ってきた場合など，その

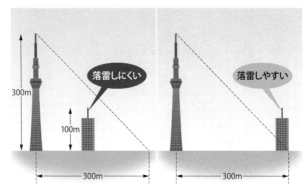
図 35-2　落雷しやすい「高いところ」は周囲との比較

時々のさまざまな条件で落雷地点が決定されるので，必ず少しでも高くて尖っている場所に落雷するわけではありません。

　以上で述べた，落雷しやすい場所として，高さ 634m の東京スカイツリーはわかりやすい例で，平均すると年間 10 回程度の落雷が発生するため，研究者が測定器を設置し観測を行ったりもしています。同様に，カナダ・トロントにある CN タワー（553m）やアメリカ・ニューヨークのエンパイヤステートビル（443m）なども落雷しやすい場所であり，山岳地帯の鉄塔や発電用風車も落雷被害を受けやすいです。こういう目で皆さんの周辺を見渡すと，雷に撃たれやすい建物などが目につくかもしれませんね。

雷に撃たれたら
どうなるの？

Answerer　森本 健志

　人体は電流を流しやすい良導体で，落雷に対しては 300 Ω
の抵抗として模擬されることが多いです。人体への落雷で生じ
る雷電流（らいでんりゅう）は**図 36-1** にモデルを示す三つのステージで説明され
ます。

　第 1 ステージは電流値がまだ比較的低く電流は体内を流れま
す。電流が増加すると電流は体内を流れるだけでは済まなくな
り，体表の色々な部分を流れるようになります。これを部分
沿面放電（えんめんほうでん）と呼び，部分沿面放電が起こると皮膚には電紋（でんもん）と呼ば
れる樹枝状に分岐した赤色または赤紫色の斑点が生じます。電
紋は目立ちますが治癒可能な体表の熱傷痕である一方，人命に
関わるのは体内を流れる電流の方で，体内を通じる電気エネル
ギー，すなわち電圧×電流の時間積分が一定値を超えると呼吸
停止や心肺停止に至ります。電流の流れる場所によっては脳機
能障害やこれに伴う後遺症の事例も報告されています。インパ
ルス電圧発生装置（**Q51**）を用いた動物実験によると，動物の
体重 1 kg あたりの電気エネルギーが数十 J（ジュール）*あた
りに生死の分岐点があるようで，エネルギーが小さければ一時
的な体内の電流は意識喪失，意識錯乱，痺れ，麻痺，痛み，運
動障害などを起こします。電紋を生じる部分沿面放電が起こる
ような場合には体内電流が致死レベルに及ぶことが多く，落雷
の直撃を受けた場合の死亡率は 4 分の 3 程度という研究結果
があります。

　多くの落雷で人体を流れる電流は，第 1 ステージから第 2 ス
テージへ移行して被害者を死に至らしめることになりますが，
場合によって体表の沿面放電が部分的ではなく，頭部から地表

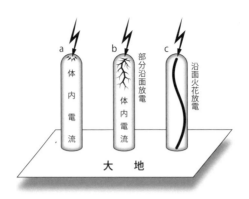

図 36-1　人体への落雷 3 ステージのモデル図

まで連続する沿面火花放電（沿面フラッシュオーバー）へ移行
するケースがあります。人体表面に加わる電界が 250kV/m く
らいになると第 3 ステージの沿面火花放電が発生するとされ，
この場合は電流の大半が人体表面（沿面）を流れることによっ
て体内を流れる電流が小さくなります。沿面火花放電でも火傷
や電紋を伴いますがこれらは体表の浅い熱傷で，雷の直撃を受
けながら死を免れた事例の大多数で沿面火花放電が発生したと
考えられています。沿面火花放電の場合は，熱傷や運動障害が
一過性で後遺症もない事例もあります。海で落雷の直撃を受け
たサーファーが，着用していたウエットスーツのファスナーの
おかげで表面を流れる電流が大きくなって沿面火花放電に至っ
たために無事だったというような話も見聞きします。

　この話を否定することはできませんが，沿面火花放電になる
か部分沿面放電になるかの条件は定かではなく，受けた落雷の
性状にもよると考えられます。決してファスナー付のウエット
スーツ着用時は，落雷の直撃を受けても安心だとは考えないで
ください。

このQuestionの最後に，万一落雷で倒れた人が出た場合の応急手当について触れます。原因が落雷であっても必要な行動は一般的な応急手当と変わらず，呼吸や脈拍を調べて必要であれば直ちに心肺蘇生法を施します。落雷を受けた負傷者に触れることによる二次感電の心配はありませんが，雷活動が続く場合や感電以外の二次災害の恐れがある場合は安全確保が優先です。また，原因が雷ではなく送配電線や電気機器などに接触して起こる感電傷害の場合は，感電の原因が継続していることがあるので負傷者に近づく際には十分な注意が必要です。呼吸や脈拍があって意識を失っている場合は，仰向けに寝かせて気道を確保します。いずれも速やかに救急要請をしてください。熱傷を伴う場合もありますが，心肺蘇生法を優先し，その上で患部を水で濡らしたタオルや流水で冷やします。脱水状態になる場合もあるので，飲用水を補給してください。

＊J（ジュール）… Q21 参照。

建物や車は落雷しても安全なの？

Answerer 森本 健志

接地（アース）された金属（導体）に囲まれた領域の中には外部で生じる電気的な影響が及ばない，少し専門的に言うと金属内部に電気力線が侵入できずに電界が遮蔽される性質があり，このような金属囲みを電磁誘導の法則を発見したマイケル・ファラデーにちなんで「ファラデーケージ」と呼んでいます。万一直撃した場合でも，落雷による電流が外部の金属を通じて大地へ流れ込み内部に影響はありません。このことから，車や電車の中は安全と言えますが，これは雷が落ちないということではなく，落雷の際には車体を大電流が流れます。このため車内にいても落雷時に電流が流れるボディに触れていれば安全とは言えません。オープンカーやトラックの荷台，車体が導体ではない車では効果がありません。車体が金属ではない車は，現時点ではほとんどないかもしれませんが，今後もこの常識が継続するかどうかはわかりません。実際，航空機の車体では軽量化やメンテナンスコスト削減の要求から，CFRP（Carbon Fiber Reinforced Plastic）に代表される炭素繊維複合材が多用されるようになりました（**Q38**）。炭素繊維複合材も電流を全く流さないわけではありませんが，金属には劣ることと，電流の方向によって流れ方が異なる異方性と呼ばれる性質があることから，複合材機体の雷耐性は大きな懸念事項となり，表面に薄い金属メッシュを貼る等の雷保護対策が施されています。今後，自動車や電車も車体が金属であるという常識は通用しなくなるのかもしれません。また，落雷すると強い光（稲光）と大きな音（雷鳴）が発生します。特に稲光は目が眩んでしばらく周囲が見えなくなるので自動車の運転中は特に危険ですし，雷

が発生するような気象条件下では視界を奪うほどの大雨や，酷い時には竜巻等の危機が迫っていることもあります。また，車体を流れる大電流が搭載電子機器の故障や誤動作を引き起こすことも考えられます。使用する電子機器が増え，その役割がより重要なものとなっている現代や次世代の自動車は，乗員の身体に雷電流が流れ込むことによって死傷することはなくても，無条件に安全とは言い切れません。屋外よりは遥かに安全なので車内に避難することは有効ですが，運転中に近くで雷活動がある場合には安全な場所に停車し一連の雷活動をやり過ごすのが良いでしょう。

　先に述べた「ファラデーケージ」は，必ずしも導体板で完全に覆わなくても，ある程度隙間のある網目状の導体で同様の効果が得られます。このことから，鉄筋が網目状に施されている鉄筋コンクリート造の建物の中は安全です。車や電車と同じく雷が落ちない訳ではないので，落雷時に電流が流れる箇所に触れていては危険ですが，コンクリートの鉄筋に触れていることはまずないと思いますし，壁から離れた内部に広い空間があるのでより安全と言うことができます。丈夫な鉄筋コンクリート造の建物でも，落雷時に外壁の一部が欠けて落下するようなこともあるので早く建物内に避難するようにしましょう。では，網目状の金属に覆われていない木造建物ではどうでしょうか？木造建物でもその柱や外壁が，金属ほどではないにせよ高い導電性をもっています。このため木造でも丈夫な構造の建物であれば壁から離れた内部は安全と言えます。壁から離れる距離は，構造や材質にもよりますが1m程度を目安にしてください

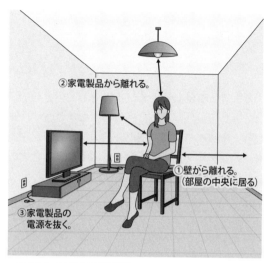

②家電製品から離れる。

①壁から離れる。
（部屋の中央に居る）

③家電製品の
電源を抜く。

図 37-1　屋内での安全対策

（**図 37-1**）。壁がなかったり，壁からの距離が十分に取れない
ような簡単な造りの東屋や小屋，テント等は安全でないばかり
か，屋根が周囲のものより高い場合は落雷の標的になりやすく
（**Q35**）屋外よりも危険な環境になりかねません。また，丈夫
な建物内でも外部とつながる電源線や通信線，時には水道管や
ガス管を伝わって周辺への落雷による過電圧や過電流（雷サー
ジ（**Q43**））が屋内に入り込むことがあります。この場合，電
気製品の故障や，悪い場合には発火し火災に至るケースもあり
ます。このような雷被害から電気製品を保護する雷保護対策は
進んでおり，簡単に施せるものもあるので検討するのも良いで
しょう。**Q45** も参考にしてください。

飛行機は落雷しても安全なの？

Answerer 吉田 智

　飛行機にも落雷します。ただし，その頻度はとても低く，1000 ～ 2 万時間飛行機に乗ってやっと一度遭遇する程度です。また，仮に飛行機に落雷したとしても，飛行機は雷に耐えられるように設計されているので，墜落することはありませんし，乗客乗員が感電することもありません。安心してください。

　飛行機は被雷（雷を受けること）により墜落することはないと言っても，飛行機自体が無傷ではありません。機体の表面に直径で数 mm 程度のピンホールと呼ばれる小さな穴が空いたり，非金属部（飛行機搭載のレーダーを覆う部分等）が溶けたりすることがあります。被雷すると着陸後，飛行機に異常がないかチェックし，場合によっては修理が必要になります。修理となると時間がかかり，次のフライトが遅延し，最悪の場合欠航となります。特に，複合材と呼ばれる丈夫で軽い素材を使った飛行機が，近年増えてきています（ **Q37** ）。この素材は軽くて丈夫な，極めて優れた飛行機の素材です。しかしながら，複合材は被雷した時の損傷が大きく，また修理に手間がかかるので，飛行機の雷対策は今後も一層重要です。国内外で気象レーダー観測や雷観測（ **Q46** ， **Q47** ）を用いた飛行機への被雷を避ける手法の開発が，進められています。

　飛行機の被雷は，2 種類あります。①飛行機から雷が発生する場合と，②飛行機とは全く別の離れた場所で雷が発生し，その雷のリーダが偶然飛行機まで辿り着いて，飛行機が被雷する場合があります。飛行機から雷が発生する①のパターンが多いことが（冬季（ **Q25** ）では特に），統計上知られています。**図 38-1** は飛行機から雷が発生した事例（①のパターン）の写

図 38-1　被雷した飛行機（提供　音羽電機株式会社　雷写真コンテスト）
飛行機の機首から上向きに，飛行機の尾翼から下向きに同時にリーダが進展して，飛行機から雷が発生。

真，**図 38-2** はこの事例の模式図です。この写真をよく見ると機首からの放電路は上方向に枝分かれがあります。リーダは進行方向に枝分かれをして進むので（**Q10**），機首から上に向かってリーダが進んでいます（**Q7**）。一方，尾翼からは下向きに枝分かれがあることから，尾翼からも下向きにもリーダが進んでいます。この二つのことから，この雷は飛行機から発生した雷で，飛行機から上と下の両方向に同時にリーダが伸びていることになります（**図 38-2**）。上下に進むリーダのどちらかが正リーダで，もう一方が負リーダです（**Q7**）。（この写真だけではリーダの極性までは判定できません。）

　雷が発生するためには強い電界が必要です（**Q4**）。①のパターンの飛行機から雷が発生する時の電界を調べると，面白いことがわかりました。飛行機からの雷が発生する直前は，通常の雷の発生時の電界よりも弱い電界でも発生するのです。つま

図 38-2　飛行機から発生した雷（**図 38-1** の状況を示した
模式図
（a）飛行機から上方向，下方向にリーダが発生。（b）リー
ダはそれぞれ逆方向に伸びていく。

り，普通の雷が発生していない上昇気流が弱く不活発な雷雲で
も，飛行機が雷雲中の電場の中に侵入すると，それがきっかけ
となって飛行機から雷を誘発する可能性がある，ということで
す。言うなれば，飛行機そのものが，ロケット誘雷（**Q50**）の
ロケットの役割をしており，まさに飛行機が雷を誘発していま
す。実際に，ほとんど雷が発生していない雷雲でも，飛行機が
その雷雲に侵入すると飛行機からの雷が発生した事例も報告さ
れています。これはパイロットにとって困った事実です。つま
り，目の前の雲に雷が発生したことがないからといって，飛行
機が雲に侵入した時にも，飛行機への雷が発生しないとは，判
断できないのです。

遠くで雷鳴。
避難のタイミングは？

Answerer 森本 健志

　雷雲の大きさは様々ですが，典型的なもので水平方向におよそ 10km 程度です。少し乱暴な言い方をすれば，10km 程度にわたって同じ高度でよく似た電荷の溜まり方をした一塊の雷雲が広がっていると考えることができます。一方，雷鳴が聞こえる範囲はと言うと，周囲の環境に大きく依存しますが，市街地では雷雲の水平方向サイズと同じ 10km 程度（**Q15**）です。また，一般的な多くの落雷は，雷雲内の電荷が溜まった領域から出発して大地へ向かって下向きに進展します（**Q7**）。その進展経路は大地に対して垂直ではなく，水平方向に数 km 程度の範囲で斜めに進展し雷撃点に至ることは珍しいことではありません。つまり，落雷に至る雷雲内の電荷が溜まっている領域から半径 10km 程度は難なく雷の射程圏内であるとみなすことができます。たまに「上空が晴れているのに落雷があった」と耳にすることがありますが，雷雲のサイズや雷の進展距離から考えると 10km 先の空も直上と大差のない「上空」で，火山噴火（**Q28**）や砂嵐等の雲以外の帯電物がない限り，「上空」に雷雲がない状況での雷は起こりません。

　話しが少し逸れましたが，以上のことをあわせて考えると，雷鳴が聞こえたらすでにその雷鳴を発したのと同じ雷雲が頭上にも及んでいる可能性があると言えます。すなわち，雷鳴が聞こえたということは，次の落雷が自身の居る場所でも起こり得る，もっと言うと聞こえた雷鳴を発した落雷が自身を直撃していてもおかしくなかったと考えるべき状況にあります。これを読んでも，雷鳴が鳴り響く中で屋外に居続けますか？雷鳴が聞こえたら，その雷に撃たれなかったのは幸運であったと認識し，

「雷」から身を守る、モノを守る

速やかに丈夫な建物の中など安全な場所（**Q37**）に避難するようにしてください。

　よく稲光を目にしてから雷鳴が聞こえるまでの時間差があると，その雷は遠くだから心配ないという誤解があります。音が空気中を伝わる速度は秒速約330mであるのに対して，光を含む電磁波の伝わる速度は30万kmと音速の90万倍以上で，同じ雷から同時に発せられた音と光を離れた場所で見聞きした場合は，光がほぼ同時に届くのに対して，音は330m離れるごとに1秒ずつ遅れて届くことになります。このことを利用して稲光が見えてから雷鳴が聞こえるまでの時間差で，落雷点からの距離を推測することは有効な手段ですが，その差は10秒で3.3km，30秒でも10kmです。先に述べたように，水平方向に10km程度の距離は難なく進んでしまう雷からすれば，30秒の差はあってないようなものです。稲光からの時間遅れがあってもなくても，雷鳴が聞こえた時点で速やかに安全な場所に避難するようにしてください。

　雷鳴が聞こえる落雷危険ゾーンに入る前に雷雲の接近を知る手段として，AMラジオの利用があります。雷は光や音と共に電波も発し，これがAMラジオ放送に「ガリッ」という雑音を生じさせます。AMラジオに雑音が入るのは雷から50kmかそれ以上の範囲で，雷鳴が聞こえるよりも早く雷雲の接近を知る有効な手段です。ラジオで聞こえ出した雑音の間隔が短くなるようなら雷雲が接近している証拠です。また最近では雨雲や雷そのものの観測データをほぼリアルタイムでインターネット配信するサービス（**Q48**）も充実しているので，屋外での活

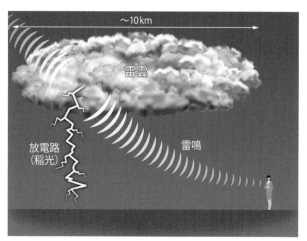

図 39-1　雷雲のスケールと雷鳴可聴範囲

動時，特に近くに丈夫な建物などがないとか大人数のためにすぐに避難することが困難な場合には，天気予報も含めてこれらの情報に気を配っておく必要があるでしょう。

近くに逃げ込める場所がない時はどうすればいいの？

Answerer 森本 健志

　このQuestionにお答えする前に，まずはこのような状況にならないように天気予報や気象情報などを参考に，屋外活動の計画や早めの切り上げを考えてもらいたいと思います。近くに避難できる建物がないところで雷雲が近づいてくる事態に陥っている時点で，雷からの安全対策としては失格と言わざるを得ません。この点を強調した上で以下にお示しするのは，少しでも危険を減らす緊急措置としてご理解ください。

　Q37 に示すように，丈夫な建物と並んで安全と言えるのが車の中です。車があれば車内へ避難してください。送電線や配電線があれば，多くの場合落雷対策のために鉄塔や電柱の最上部に張ってある架空地線（**Q44**）に，そうでなくても送配電線に落雷し大電流は電線に流れ込むのでその下は比較的安全と言えます。**図40-1** に示すように，目安は送配電線を45°以内の角度で見上げられる範囲内，例えば送電線の高さが20mであればその真下から20mの範囲で，真下に近い方が安全性は高くなります。高度が30mを超える高い送電線の場合は見上げる角度が45°以内であっても，電線の真下から30m以内に入り，鉄塔や電柱からは少なくとも2m離れましょう。

　車も送配電線も近くにない中で雷雲が迫っている場合は，より危険度が上がります。まずは樹木等の高い物体から直ちに離れてください。雷は高いところに落ちやすく（**Q35**）雷電流が高い物体を通じて大地に流れ込みますが，近くに人間のような電流を流しやすいものがあると，途中で飛び移ってくることがあるからです。いったん高い物体に落ちた雷が途中から飛び移る，二次放電とも表現できるこの現象は「側撃」（**図40-2**）と

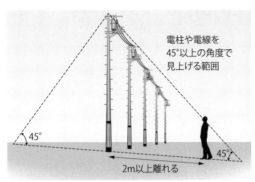

電柱や電線を
45°以上の角度で
見上げる範囲

45°

2m以上離れる

45°

図40-1　送配電線の下は比較的安全

図40-2　側撃

呼ばれ，雷の直撃と並んで多く発生している雷被害の事例です。側撃が発生し得る目安は直撃を受けた樹木等から距離4mの範囲で，枝葉が広がっている場合は幹からではなく枝葉等も含めて，最も近い部分から4m離れてください（**図40-3**）。このことを知っていても，発雷時には雨が降っていることが普通で，咄嗟に高い木の下で雨宿りをしてしまうことがあるので要注意です。簡単な造りの東屋や小屋，丈夫な建物でもその軒先などでは樹木と同じく側撃の危険が高くなります。樹木が密集した森や林の中では，4mの距離を保てないことに加え，天候の変化や雷鳴に気付きにくい場合もあるので早い脱出が必要です。

　雷は材質に依らず高いところに落ちやすい（**Q35**）ことから，落雷の危険が迫った場合には釣り竿やゴルフクラブ，傘などは手放し自身の姿勢を低くします。だからと言って寝そべってしまっては地面と接する面積が大きくなるので近くに落雷した場合の電流が地面を流れた際（**Q17**）に影響を受ける恐れがあることや，次の行動が起こし辛いことなどから，両足を揃えてしゃがむくらいが最適です。間近に落雷した場合は鼓膜を損傷するような大きな音が発生することがあるので両耳を塞ぐのが

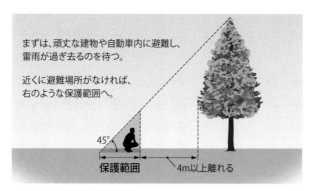

まずは、頑丈な建物や自動車内に避難し、
雷雨が過ぎ去るのを待つ。

近くに避難場所がなければ、
右のような保護範囲へ。

45°

保護範囲 ──── 4m以上離れる

図40-3　雷からの緊急避難

良いでしょう。少しでも身を低く保つために，窪地があればそこに移ります。ゴルフ場ではバンカーも他よりは危険度が下がります。絶縁物であるゴム長靴や雨合羽を着用していると安全，メガネやアクセサリー等の導体（金属）を身に付けていると危険という誤解がありますが，これらは落雷のしやすさには一切影響ありません。何 km にもわたって空気の絶縁を破壊して大電流を流す現象である雷にとって，人間が身に付けるほんのわずかな導体や絶縁体が影響ないことは容易にご理解いただけると思います。

　陸橋を含む橋の下も雷の直撃を避けられる点では避難場所の候補となりますが，発雷時には激しい降雨による急な河川の増水が起こり得るので，周囲より低いからと川へ逃げるのは避けましょう。同じく雷が発生するような状況下では，大雨，突風や竜巻，土砂災害なども起こりやすくなっていることが考えられるので，雷と同時に起こる自然災害にも十分注意を払った行動が必要です。

落雷による被害者数や
被害額は？

Answerer　森本　健志

　日本国内で人が被害を受けた落雷事故の数は 2009 年まで警察白書で報告されていて，このデータをグラフにしたのが **図 41-1** です。残念ながら 2010 年以降のデータは発表されなくなってしまいましたが，データがある 2009 年までの 25 年間で落雷による年間の死傷者数は平均で死亡 4.6 人，負傷 14.9 人でした。その前の 25 年間の平均ではこの値が死亡 22.3 人，負傷 26.9 人であることから，落雷事故に対する安全対策の啓蒙がいくらか進んだと言えるでしょう。米国海洋大気庁（NOAA）が発表している同様のデータでは，米国での落雷による年間死傷者数は，2006 年までの 15 年間の平均で死亡 49 人，負傷 320 人となっています。その後の 10 年間では死者数が 31 人で，落雷による死傷者数が近年減少しているのは多くの先進国で共通の傾向です。落雷数や生活様式，集計データの精度も国によってまちまちですが，世界各国の人口百万人あたりの落雷による死者数は一部を除いて欧米諸国で 1 名以下，アジア諸国で 2 名以下です。日本の年間数名程度という値から，自らが落雷被害を受ける確率はかなり低いと言えますが，Q35 ～ Q40 で述べるような正しい知識があればこの確率を限りなくゼロに近づけることができます。読者の皆さんは決して油断せずに，正しい知識に基づく正しい行動をしてください。

　一方，集計が容易ではありませんが落雷による被害額は拡大傾向にあると言えます。被害を見積もる指標としてよく用いられるものとして，落雷に起因した損害保険の支払い額があります。損害保険各社の集計や情報公開の程度に差があるものの，雷に起因する物損等の一次被害と休業損失等の二次被害に対し

「雷」から身を守る、モノを守る

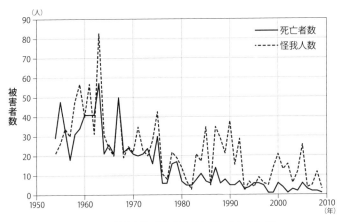

図41-1　雷による年間被害者数（「警察白書」データから作成）

て支払われる保険金総額は年間2000億円を超える規模で，金額および件数ともに近年増加傾向にあります。ここで，被害の原因が雷であることの証明が難しいこと，自然災害で保険による補償対象外になることも少なくないこと等から，雷被害は損害保険で補償されにくい事象であることも考慮しなければなりません。家庭の電化製品や電子機器への被害に対して，SPD（**Q45**）に代表されるような雷対策はより高度に多くの箇所に施されるようになっています。それにも関わらず被害が拡大している大きな原因として，多くの電気電子機器が電源線のみならず通信線にも接続されるようになったことと，小型高密度化したことが考えられます。前者によって，近隣への落雷による過電圧や過電流（雷サージ（**Q43**））が機器に入り込む経路が増えました。後者では，半導体素子が多用された電気回路が密集すると機器に入り込んだ雷サージに対する耐性の低下が避けられず，引き起こされるトラブルも複雑になります。筆者がよく挙げる例に，かつてどの家庭にもあった黒電話は落雷で故障することはほとんどなかったのに対して，その後よく使われる

ようになったFAX付きの高機能電話は雷でやられる家電製品の筆頭になったという話がありますが，黒電話を知らないどころか有線接続される電話も少ない時代となりました。他と接点がない携帯電話が落雷で壊れるようなことは，ほぼありません。

　この他被害額の大きな落雷の影響としては，停電や電圧変動のような電源供給への障害があります。落雷による停電は広範囲に及ぶことがあり，特に鉄道の運行への支障は社会へ与える影響が大きくなります。また，電圧の瞬間的な変動も許容できない高品質な電源供給を必要とする製造現場でも落雷被害は深刻なものになり，一瞬の電圧低下（瞬低）だけで製造工程が停止し復旧に日オーダの時間を要する工場や，直接の被害が発生することを恐れて発雷が予想される間に製造や活動の停止を余儀なくされる現場もあり，これらを考慮すると落雷による被害総額は計り知れません。

避雷針の仕組みや効果は？

Answerer 森本 健志

　避雷針は，落雷被害を防止する目的で建物などの最も高い箇所に設置される装備です。建築基準法や消防法などでは，建造物の高さが 20m を超える場合は避雷針の設置が義務付けられています。一般的に避雷針と言えば，先端が細い棒状の 1 本の金属（導体）が真上に向かって建っている，フランクリンロッドとも呼ばれるものです。アメリカの発明家ベンジャミン・フランクリンが 1750 年代に発明した避雷針で，その仕組みは現在でも変わりません。

　フランクリンロッド型の避雷針は，雷雲からステップトリーダ（**Q7**）が迫ってきた際に，その高さと細い形状によって電界強度を高め周囲に比べてお迎えリーダ（**Q7**）を発生しやすくすることで，いち早くステップトリーダとつながり雷撃地点になろうとする仕掛けです。雷撃箇所を探しながら降下してくるステップトリーダに見初められ雷撃点となった後は，その電流を他に漏らすことなく安全に大地（アース）へ流し込むように，丈夫な導体で大地に埋め込まれた電極と接続されています。避雷針から導体および電極を通して大地へ誘導された雷撃電流は，そのまま大地へ拡散します（**Q17**）。このように避雷針は決して雷を避けるものではなく，むしろ避雷針がなければ周囲のどこかに落雷するはずだった雷を集める「集雷針」とも言えます。ビルの屋上などでどんな時も背筋をピンと伸ばして直立不動，いざという時には自らを犠牲にして周囲を守る，とても健気な存在に見えるのは筆者だけでしょうか。

　避雷針の集雷効果によって落雷から保護される範囲の目安は，避雷針の先端を頂点とし，鉛直線と 45°の角度をなす円錐の範

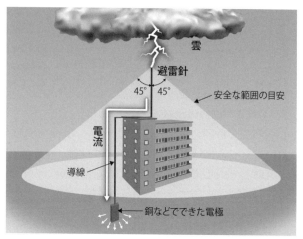

図42-1　雷の保護範囲

囲内とされ，この角度のことを保護角と呼んでいます（**図42-1**）。現在の JIS 規格では，高さが 30m 以下の場合に保護角 45°と定められており，高さ 60m 以上では 25°とされています。また，避雷針の先端を所定の半径の円で結んだ部分だけが保護されるという考えに基づき，避雷針の頂部同士を結ぶ所定の大きさの円を描き，全ての方向において建造物が円の内側に入るようにする「回転球体法」も広く採用されています。

　いずれにしても，規格内であれば完全に安全で，少しでも外れたら直ちに危険というものではありません。鉛直に近く真下に向かって降りてくるリーダであれば上記の考え方はおよそ当てはまりますが，斜めや横方向に進んでくるリーダ（**Q7**）では避雷針の保護範囲内であっても落雷（遮蔽失敗）となる場合があります。冬季や標高が高い地域では，雷雲高度が低くなるため鉛直方向ではないリーダ進展も多くなります。

　電力設備や精密加工工場，火薬等の危険物貯蔵施設などでは，

かなり高密度に避雷針が設けられていたり，さらに上空に避雷用の電線が架設されていたりするところもあります。先に述べたように，避雷針は落雷を受けた後，その電流を安全に大地へ逃がしてこそですが，屋外の風雨にさらされる設置環境にありながら，普段効果を実感できるものではなく動作確認も容易ではないことから，経年劣化等による不備・不具合が生じていても気付き難い設備です。避雷針の接地に問題があれば，雷を集めるだけの危険物になってしまいます。避雷針を建てるだけではなく，専門業者による定期的なメンテナンスも欠かさないようにしましょう。

雷サージって何?

Answerer 森本 健志

　雷サージとは，雷によって発生する電力線や通信線，あるいは電気・電子機器に瞬間的に生じる異常な高電圧や大電流のことを言います。雷が電線に直接落雷した場合には，その電線上に非常に大きな雷サージが発生し，設備や機器に焼損や破壊などの直接的な物理的被害を及ぼします。これが「直接雷サージ」です。

　また，直接落雷を受けた電線でなくても，リターンストローク（**Q7**）の際に放電路を流れる電流（雷電流）による電磁界の効果により周囲の電線に雷サージが発生します。少し詳しくお話しすると，雷電流はその周辺に磁界を発生します。「アンベールの法則」や「右ねじ（右手）の法則」と言うとイメージしてもらえる読者の方もおられると思います。雷電流は大きく瞬間的なので，周囲に発生する磁界は時間的に激しく変動するものとなります。磁界の時間変化に比例して電界が発生するのは「電磁誘導」です。このような電磁界の時間変化に応じて生じるのが電磁波で，周囲に時間変化の激しい電磁界を発生させる雷電流は，強い電磁波を放射します。直接落雷を受けていない電線でも，雷電流によって生じる強い電磁波のエネルギーを受け取るアンテナ役となり，異常な電圧・電流が発生することがあります。これを「誘導雷サージ」と呼んでいます。

　雷電流のエネルギーが周辺の空気中に放射する電磁波を通じて周辺に伝わる誘導雷サージに対して，近隣への落雷の雷電流エネルギーが地中と接地（アース）線を通じて周辺に伝わるものを，「逆流雷サージ」と言います。大地に流れ込んだ雷電流は周辺の地中に流れて行きます（**Q17**）。この経路に周辺機器

4

「雷」から身を守る、モノを守る

図43-1　直接雷サージ（提供　音羽電機工業(株)）
　建築物の避雷針やアンテナ，電力線，通信線などに直接落雷。

図43-2　誘導雷サージ（提供　音羽電機工業(株)）
　近隣への落雷の雷電流による電磁界の急変で，電力線や通信線などに雷サージが誘導される。

図43-3　逆流雷サージ（提供　音羽電機工業(株)）
　近隣への落雷による接地電位上昇が，接地線を通じて引き込まれている電力線や通信線などに流出する。

や設備の接地電極があった場合には，雷電流が接地線に伝わり，接地されている電力・通信線や機器に電位（静電ポテンシャル）上昇を引き起こします。この場合，漏電対策等で良かれと思って行っていた接地が仇となり，周辺への落雷からの「もらい事故」に至ることがあります。

「誘導雷サージ」や「逆流雷サージ」は，一般的に「直接雷サージ」に比べて軽微です。それでも，本来想定されている電源や通信用のものに比べて大きな電圧・電流が接続機器に流れ込むことになり，放電による絶縁破壊，導線の溶断，半導体素子の故障等を引き起こし得ます。永久的な影響の他，機器の一時的な誤動作や動作不良や，その時は無事でも劣化を早めるというような悪影響もあります。近年の電子機器の小型化や高集積化は，電線や素子間の距離が短くなっていることを意味し，耐えられる過電圧が小さくなる傾向があります。また，省電力を目的とした電源電圧の低電圧化や，通信や計算処理速度を高めることを目的とした高周波化も広く行われています。これらの変化も，雷サージによるわずかな電圧上昇や短時間の変化が，より顕著な影響を与えることにつながり，近年の電子機器類は雷サージに対して脆弱になっていると言えます。各種メモリやディスクに侵入した雷サージによって記録データが失われることが，致命的な問題であることもわざわざ説明するまでもないでしょう。かつては電源線にのみつながっていた家電機器等の多くが，通信線にもつながるようになったことは，誘導雷サージの侵入経路が増えると言う意味でやはり雷サージへのリスクが増えたことになります。古くから雷サージに悩まされ，様々

な対策を施してきた電力線に対して，後発の通信線が雷サージに弱いという時期もありましたが，現在では対策がなされていることに加えて通信線が無線化することでリスクの低減につながると言えるでしょう。

電力，通信，鉄道など
インフラの雷対策は？

Answerer　森本 健志

　電力，通信，鉄道などインフラの雷対策は，大きく，雷を受けないための対策と，雷を受けても障害が発生しないための対策の二つに分けることができます。

　雷を受けないための対策として，避雷針（**Q42**）の他，雷多発地域の送配電線に施されている架空地線をご紹介します。鉄塔や電柱によって，空中に架設された送配電線を架空線と呼びます。架空地線とは，**図44-1**のように送配電用の架空線よりもさらに高いところに架設されている接地（アース）された線，つまり架空接地線のことです。架空地線は，鉄塔や電柱の最上部で上空からやってくる落雷を送配電線よりも先に受け，接地されていることによって雷電流を効率良く大地へ逃がす役割を担っています。送配電線は接地してしまうと電力が送れないので，碍子と呼ばれる絶縁物によって鉄塔や電柱と絶縁されています。一方，架空地線はその両端や，鉄塔・電柱を通じて大地に接地されています。架空地線に落雷することで，送配電線への落雷を避け，架空地線に生じる直撃雷サージ（**Q43**）を大地へ逃がします。架空地線または鉄塔に落雷が発生した場合には架空地線に直接雷サージが流れます。鉄塔で送電線を支える碍子の両端には，送電電圧と接地電位がかかるので，落雷時には瞬間的に大きな電圧が加わります。この電圧に耐え切れずに碍子が絶縁破壊する現象を，逆フラッシュオーバーと呼んでいます（**図44-1**）。絶縁破壊が瞬間的で絶縁を回復できた場合には電力線への雷サージが発生し，絶縁破壊が永久的な場合は送電不可となります。鉄道用の送電線にも，地域によって架空地線が設けられており，架空地線の有無を見ることでその地域が雷

図44-1　送電線の架空地線と逆フラッシュオーバー

多発地域かどうかを知ることができますので旅行の際には試してみてください。

　雷を受けても障害が発生しないための対策で代表的なものは避雷器（**図44-2**）です。避雷器は，雷サージによる高電圧を，そこにつながる電気設備や機器の耐電圧範囲内に制限する機能を有するもので，一定値を超える異常な過電圧を大地に逃がしつつ，サージ終焉後には大地との確実な絶縁を回復する機能を有します。避雷器には，早い反応速度と高い信頼性が求められ，最近ではほとんどの避雷器が酸化亜鉛（ZnO）素子の特性により実現されています。電力会社の配電線では平均的に200m間隔で避雷器を設置しています。鉄道では，送電設備への避雷器設置と共に，車両へ電力を引き込むパンタグラフ付近や床下

図 44-2　配電用避雷器の一例（提供　音羽電機工業(株)）
右は配電線で使用されている様子。

などに車両ごとにも避雷器が設置されており，軽量化などの工夫もなされています。

　落雷によるインフラへの影響，特に停電はその実害が大きくなります。そこで，上記の対策を施すと共に，特定の場所で深刻な問題が発生した場合でも，停電範囲を小さく短時間にすることも大切な対策です。送配電網の冗長化による複数のルート確保や故障箇所の早期検出と切り離し（健全箇所の復旧），故障点特定後の迅速な修理対応などがこれに当たります。落雷時に，停電に至らないまでも一瞬照明がチラッとするような経験はないでしょうか？　照明の回路に雷サージが侵入したことによるチラつきの可能性もありますが，多くの場合どこかの送電線に落雷による被害が発生し，その箇所を自動的に電力系統から切り離す作業を行っています。今では，この自動検出と切り離しに要する時間が 0.1 〜 0.2 秒程度で，この間だけ電圧が下がる（瞬時電圧低下：瞬低）事象が発生しています。

家庭やオフィスの
電化製品に有効な
雷対策は？

Answerer 森本 健志

　電化製品は，直接製品が雷に撃たれる直撃を除くと，雷サー
ジ（**Q43**）によって被害を受けます。このため，雷サージの侵
入経路を絶つ，すなわち雷発生時にはコードやケーブル類を全
て抜くというのが電化製品の最も効果的な落雷対策です。しか
しながら，雷撃点から約10km離れた場所にも誘導雷サージ
による被害が及んだ報告があることを考えると，かなりの広範
囲で対応が必要となり，電化製品の種類によっては現実的では
ありません。そこで家庭や小規模企業などで行える，誘導雷
サージ対策品として，SPD（Surge protective device：サージ
防護デバイス）（**図45-1**）と，耐雷トランス（**図45-2**）をご
紹介します。いずれも，**Q44**で述べた避雷器とよく似た機能
を有する製品です。

　SPDは雷サージによって過剰電圧が生じた際に，これらの
過電圧を一時的に大地へ逃がして後段での耐電圧を超える電圧
の発生を防ぎ電化製品を保護すると共に，サージ終焉後速やか
に大地との絶縁を復旧する装置です。**図45-3**に示すように，
電源や信号線と接地（アース）線の間に挿入され，通常時には
高抵抗（絶縁物）として振る舞い，雷サージなどの過電圧発生
時には素早く低抵抗となり，サージ電流を接地側へ流して雷
サージ電圧を抑制します。耐雷トランスは，トランス（変圧
器）にSPDとコンデンサを付加したもので，SPDが動作する
雷サージ発生時にトランスの一次側と二次側を切り離し，SPD
単体以上に雷サージの侵入を完全に遮断する装置です。コン
ピュータやマイコン等のLSIやICを使用した機器は，特に耐
電圧が低くSPDでは不十分な場合があります。耐雷トランス

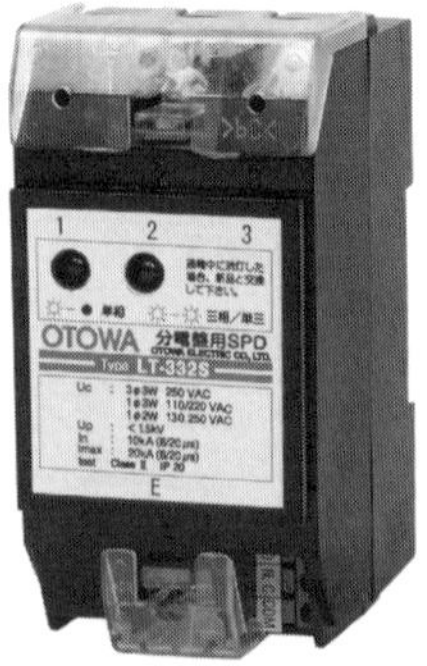

図 45-1　電源用 SPD
（提供　音羽電機工業（株））

図 45-2　耐雷トランス
（提供　音羽電機工業（株））

では，雷サージ発生時の切り離しをより確実にし，機器側への雷サージ侵入を阻止することができます。

SPD は別名アレスタやサージプロテクタ等とも呼ばれ，電源や信号の種類，動作電圧や反応速度などの性能に応じて多くの製品が存在します。炭化ケイ素（SiC）を主成分とするものや，酸化亜鉛（ZnO）に複数の金属酸化物を添加したものを高温で焼結したセラミクスが用いられます。信号（通信）線用では，使用される電圧および耐電圧が電源用より低くなることが多く，また高周波信号に対しても小さい内部抵抗や歪みが求められます。電源保護用（DC，AC）の他，電話，LAN，CATV 等の回線保護用製品も多数存在し，必要に応じて多段に使用されます。電源用では，引込口やブレーカー等が配置される分電盤に設置するタイプのものから，電化製品の直前に設置する電源タップに内蔵されたものまで様々です。

テレビ用のアンテナケーブルは，屋外に設置したアンテナから直接屋内に引き込んでいる場合，全く雷サージ対策がなされていないケースも多く見受けられます。各種電線の雷対策の有無を確認し，発雷時には脆弱な箇所でより積極的にケーブルを

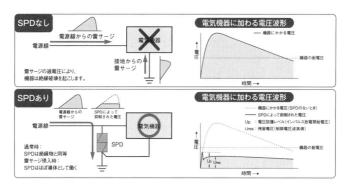

図 45-3　SPD の仕組み（提供　音羽電機工業(株)）

抜くような対策も有効です。少し意味合いは異なりますが，パ
ソコン類のバックアップを頻繁に行う，UPS（Uninterruptible
Power Supply：無停電電源装置）を使用する，火災保険に加
入することも，雷対策と言えるでしょう。 **Q37** や **Q43** で述べ
たように，近年の電化製品は，雷サージへの耐性が低くなって
きています。各種電化製品に対して配線ごとに雷サージリスク
を把握し，優先順位をつけた雷対策が有効だと考えます。

column 4　日本最古の避雷針

　避雷針は，米国のベンジャミン・フランクリンによって発明されました（**Q42**，**Q53**）。それでは日本最古の避雷針はどこに設置されたでしょうか？

　それは，金沢市内の尾山神社にあります。明治8年に建築された神門（国指定重要文化財）の一番上に設置されています（**図1**）。金沢は，1602年に金沢城天守閣への落雷で，その後天守閣が建築されなかったという背景がある街。冬季雷（**Q25**）の凄さを本書で知れば，日本最古の避雷針が金沢にあるというのも納得でしょう。

（鴨川　仁）

図1　尾山神社神門の避雷針

Section **5**

「雷」に関する
いろいろな技術

落雷の場所はどうやってわかるの?

Answerer 吉田　智

　　ニュース番組で雷の発生場所が表示されたり，また気象庁などのホームページで雷の発生場所を確認することができます。雷がどこで発生したかを知る観測技術は，雷研究や防災の両面から欠くことのできない，重要な技術です。

　　目で見るように稲光を観測（例えば写真を撮る）して落雷位置を特定する方法も落雷位置を知る一つの方法です。しかしながら，この方法では観測点から見て雷雲の裏側は，雷雲の影となって，大半の雷の光を捉えることができません。このように雷の光を観測する方法は，取り逃がしが多く良い手法とは言えません。現実に利用されている方法は，落雷から発生する電波を測定する手法です。雷観測に使用される電波は雲を通り抜けるので光のように雲で遮られることはなく，雷の取り逃がしが少ない優れた手法です。

　　落雷に伴い非常に強い電波が発生し，かなり遠くまでその電波が伝わります。波長にもよりますが，アフリカ大陸で発生した雷もその一部は日本でも観測可能です。電波の進む速度は光の速度と同じで，1 μ秒（マイクロ秒：μs，100 万分の 1 秒）の間に 300m 進み，雷から同心円状に伝わります。電波をアンテナで受けることにより，その電波がアンテナに到達した時刻を知ることができます。落雷の場所を推定する手法はいくつかありますが，落雷に伴う電波の到達時間を複数のアンテナで観測して，落雷の場所を推定する「到達時間差法」について紹介します。

　　落雷に伴う電波を点A，点Bで観測し，両者の電波の到達時間差から落雷が発生した点Pを推定する問題を考えましょう

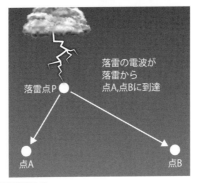

図46-1　到達時間差法①
落雷地点Pで発生した電波が点A，点Bに到達。

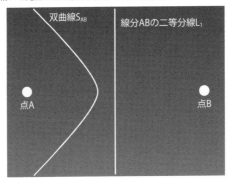

図46-2　到達時間差法②
点A，点Bに同時に電波が到着した場合は，線分L₁上に落雷点Pは存在。点Aの方が点Bよりも1μ秒早く到達した場合は，落雷点Pは点Aよりの双曲線 S_AB 上に存在。

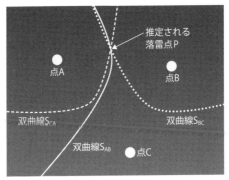

図46-3　到達時間差法③
点A，B，Cの3点で雷の電波を受信し，その到着時間差から雷の発生場所を求める。点A，点Bから求めた双曲線 S_AB，点B，点Cから求めた双曲線 S_BC，点C，点Aから求めた双曲線 S_CA の交点が落雷地点Pとして推定できる。

（**図 46-1**）。落雷が発生してから点Aに電波が到達するまでの時間は，距離／速度なので，D_{PA}/c です。同様に点Bまでには D_{PB}/c の時間がかかります。ここで D_{PA}，D_{PB} は線分 PA，PB の長さ，c は光速（3×10^8 m/秒）です。例として，点A，点Bで電波の到達が同じ時刻に観測された場合は，点Pから点A，点Bまでの到達時間が等しい，ということなので，$D_{PA}/c = D_{PB}/c$ となり，$D_{PA} = D_{PB}$ となります（**図 46-2**）。このような条件を満たす点Pは線分 AB の二等分線 L_1 上のどこかの点となります。通常は，点Aと点Bで電波を全く同じタイミングで観測することはまずありません。例えば点Aの方が点Bよりも 1μ 秒だけ早かったとしましょう（**図 46-2**）。この場合は，$D_{PB}/c - D_{PA}/c = 1\mu$ 秒となります。この条件を満たす点Pは**図 46-2** の S_{AB} の様な双曲線になります。このように2点間の電波が到達した時間差から，落雷地点Pを特定の双曲線上（特別な場合は直線上）にあることが推定できます。

　次に落雷から来る電波の到達時間を点A，B，Cの3地点で観測することを考えましょう（**図 46-3**）。点A，Bの到達時間差から一つの双曲線（S_{AB}）が推定できて，BC 間，CA 間でもそれぞれ一つの双曲線（S_{BC}），双曲線（S_{CA}）を推定できます。双曲線 S_{AB}，S_{BC}，S_{CA} は1点で交わり，その交点が落雷地点となります。

　このように落雷が平面上のどこにあるかを知るには，三つの地点以上で雷の電波を測り，その到達時間から双曲線を求め，その交点から落雷の場所を求めることができます。なお，雷の発生場所が分かれば，観測地点までの距離が分かるので落雷が

発生した時刻を高精度で推定することも同時にできます。同様の手法を用いて，全世界の落雷を観測する雷ネットワーク（World Wide Lightning Location Network; WWLLN Blitzortung.org）も存在します。今回は2次元平面で考えましたが，3次元に拡張すると雷の立体構造を得ることができます。気象レーダーと雷の3次元画像を重ね合わせると実際の雷雲の様子が再現できます（下記，動画参照）

・QR コード から，関連動画が視聴できます。

雷は宇宙からも
観測されているの？

Answerer　森本 健志

　雷は，宇宙からも見たり聞いたりすることができる自然現象です。宇宙飛行士は，Q32 で述べられている雷雲から宇宙へ向かう雷のみならず，私たちが普段目にする雷雲内や雷雲下の稲光も，雷雲中での瞬間的な発光として頻繁に目にするそうです。宇宙船や宇宙ステーションから撮影された雷発光の影像の中には web で公開されているものもあるので，探してみるのも良いでしょう。

　雷に限らず自然現象は人工衛星等を使うと，極めて広範囲の全地球的な観測が可能となります。海上や高山地帯，地上インフラの整っていない未開の地でさえ，他の地域と同様な品質のデータを集めることができ，大変有効です。宇宙からの雷観測では，地上からの観測と同じく雷が発する光と電波のいずれかを測定対象とします。雷の発光を対象とする光学雷観測装置では，アメリカの Micorlab-1 衛星に搭載された OTD[*1] と，その後継に当たる熱帯降雨観測衛星（TRMM）[*2] に搭載された雷観測人工衛星 LIS（Lightning Imaging Sensor，図 47-1）の貢献が特筆されます。前者は 1995 年，後者は 1997 年に打上げられた，史上初の雷観測そのものを目的としたセンサです。雷により発せられる光を，望遠鏡を通して CCD カメラで撮影するものですが，昼間や雲内の雷も捉えられるように様々な工夫がなされています。雷の発光に特徴的な光の成分（波長 1 nm（ナノメートル，10 億分の 1 メートル）分）だけを抽出することや，背景光の中から瞬間的に光量が増すイベントだけを検知するプロセッサによって，空間精度数 km，時間精度 2 m 秒（ミリ秒：ms，1000 分の 1 秒）で観測し，その検知率は昼夜

図 47-1　LIS（全長約 40cm，NASA より）　　図 47-2　GLM（全長約 150cm，NASA より）

問わず 90％以上を達成しました。LIS を搭載した TRMM 衛星は日米の共同ミッションとして実施されたもので，3 年の計画を大幅に延長し 2015 年まで 17 年もの長期にわたって運用されました。OTD および LIS は世界の雷活動分布や季節および年変動などグローバルな視点から雷に関する多くの知見を与えてくれました。ちなみに TRMM/LIS の予備機として製造され保管されていたものが再整備され，2017 年から 4 年間の計画で国際宇宙ステーションに設置され観測を行っています。LIS の技術を最大限活用し，アメリカの気象衛星 GOES[*3]-R において静止軌道からの雷観測装置（Geostationary Lightning Mapper：GLM，**図 47-2**）が 2017 年から運用されています。LIS は地上高度 350 ～ 400km を 90 分程度で地球 1 周する軌道から世界の雷観測を行いました。GLM は近赤外の発光を対象とし超高倍率の望遠鏡を携え，高度約 3 万 6000km という遥か彼方の静止軌道から南北アメリカを常時 10km 程度の精度で観測しています。

　電波観測では，1978 年に打上げられた日本の衛星「うめ 2 号」が最初と言えます。電波予報などを目的に電離層の観測を

行う衛星でしたが，落雷時に放射される短波帯の電波を記録し，宇宙から電波でも雷を観測できることを示しました。米国から1993年と1997年に打上げられた低エネルギーのX線を観測するALEXIS衛星や，核実験監視のため核爆発の際に生じる電波を観測する目的のFORTE衛星でも，副産物として雷からの電波が記録され，その電波の特徴や雷雲から直接衛星に届く電波と地上での反射波の遅れを利用して雷の発生場所や高度を推定する試みや，雷の電波を使った電離層の状態監視手法の提案などが行われました。いずれも2012年打上げの，国際宇宙ステーションの日本実験棟「きぼう」で実施された高高度発光および雷放電の観測ミッションGLIMS[*4]やロシアの小型衛星Chibis-Mでは，落雷の予兆的に発生する微細な放電過程から放射される超短波帯の電波を観測対象としました。GLIMSミッションでは，主にスプライト（**Q32**）などの高高度発光現象の撮影とそれに関連する雷の電波観測をターゲットにしたものでしたが，光と電波の両方で雷の同時観測を行いました。GLIMSの電波センサは筆者が開発と実験の責任者で，東大阪の町工場発の人工衛星として話題になった「まいど1号」で雷観測を行った知見をもとに開発したものです。

＊1　OTD：Optical Transient Detector
＊2　TRMM：Tropical Rainfall Measuring Mission…地球全体の降雨量の約3分の2を占める熱帯の降雨を観測するための日米共同プロジェクト。
＊3　GOES：Geostationary Operational Environmental Satellite
＊4　GLIMS：Global Lightning and Sprite Measurements

雷の発生予測は
できるの？

Answerer　鴨川　仁

　落雷は見ていれば美しいと感じる人もいると思いますが，人の活動する場所の近隣で落雷が発生すれば被害も生じます。現代の日本でも，落雷により命を落とす人がいますし，電力系統に障害を起こしたり，山火事の原因にもなります。落雷は自然災害を起こす現象の一つであり，地震，津波，火山噴火，台風などとともに防災・減災のために発生場所・時間を予測したい対象でもあります。防災については，避雷針，避雷器などをはじめとして，本書でも紹介しました（Section 4）。それでは発生予測はできるのでしょうか。

　予測技術のお話をする前に，読者の皆さんは，夏の雷についてはどのように気を付けているでしょうか。雷雲は豪雨を伴うことが多く（**Q11**，**Q49**），天気予報で雷雨予報が出たならば屋外に出ることを避けたりするといった対処をしているかと思います。また，その予報がなくとも，ゴロゴロという音で「近くで雷雲があるな」と予想している方も多いでしょう。雷光と雷鳴の時間差で雷地点の近さを推し測る（**Q39**）ことも良く知られた対策です。また，夏の雷は，落雷の前に雲の内部で雲放電が発生することが多いことが知られています。雨が降っていなくとも雲行きが怪しく，上空からゴロゴロ，雲放電の音が鳴り始めたら，落雷はそばでいつ起きてもおかしくない状態です。

　このような対処方法は，成長する過程で大人から教わったり，また近年では防災教育が学習課程に組み込まれるなどして，大概の人はある程度の予防ができていると言えるでしょう。しかし，安全な屋内までの避難に時間のかかるゴルフ場，海水浴場，

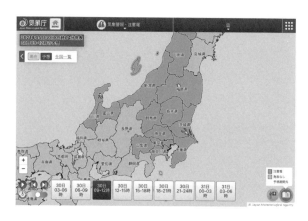

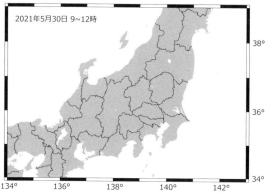

2021年5月30日 9~12時

図48-1 （上）気象庁による雷注意報の画面（気象庁ホームページより。
2021年5月30日5時4分の情報。午前9時～12時の予報）
（下）同時間帯の落雷（WWLLNデータより。この領域での落雷検知はなし。）

大きなグラウンドだったらどうするのか？　という観点から考
えると，ゴロゴロという音を聞く前に，雷の危険をわかってい
たいですね。

　気象庁は，落雷のほか，急な強い雨，竜巻等の突風など，積
乱雲の発達に伴う気象現象によって人や建物への被害が発生す
るおそれがあると予想した時に各種の警報・注意報を出してい

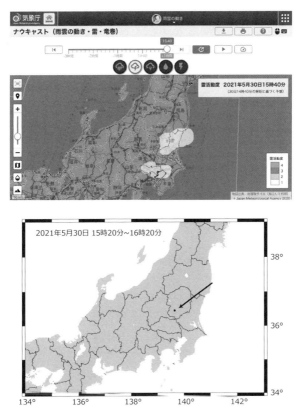

図48-2　（上）気象庁による雷ナウキャスト画面（気象庁ホームページより。
2021年5月30日14時40分に出された15時40分までの雷予報）
（下）同予報期間内の検知した落雷（WWLLNデータより）

ます（**図48-1**）。この，落雷の可能性の高いエリアを予測する
雷警報・注意報に対して，自分の近くに雷の危険がないかを判
断できる方法があります。それは，雲放電の直接検知とレー
ダーによる積乱雲の観測です。日本では気象庁のほかに民間事
業者などが雷の発生を監視しています。雲放電・落雷を電波で
検知し，レーダーで雷雲の成長をモニタリングすることによっ

図48-3　フィールドミルと雷予測
　　カナダ Boltek 社製フィールドミル（左）と警報判定用パソコン（右）。

て，より詳細な落雷の発生地域・時間を予測することもできます。気象庁の雷ナウキャスト（60分先までの落雷を予測）はこの原理に拠っています（**図48-2**）。

　さらに狭い範囲に限った落雷を予測する方法もあります。それは，大気中の静電界を測ることです。雷雲は電気を持つ（**Q3**）ので，晴天時にもわずかに大気中にある静電気（**Q31**）よりもっと強い静電気が，雷雲の周辺で観測されます。この静電気を測定すれば，落雷前に電気がたまっていき，放電が起こるまでの過程を知ることができます。大気中の静電気の測定装置としては，フィールドミルと呼ばれる円筒形の回転プロペラがついた計測器が一般的で，世界各地で雷予測装置としても用いられています（**図48-3**）。静電気の検出範囲は雷雲から数十キロ程度ですが，ゴルフ場，海水浴場，グラウンドをはじめとした限られた地域を予測するには，便利で取り扱いが簡単な機器と言えます。

雷から気象災害予測はできるの？

Answerer 吉田　智

　雷鳴が聞こえ始めてから，激しい雨が降り始めたという経験をお持ちの方は多いと思います。激しい雨に加え，降霰・降雹（霰や雹が地上に降ってくること。雹は時としてゴルフボール程度の大きさに成長し，建物や車に大きな被害をもたらします。気象災害の一つ。），突風も雷鳴とともに発生することがあります。雷が発生したということは，その雷雲内に電荷が大量に蓄積されている状態です。雷雲内に電荷が発生するには霰と氷晶の衝突が必要です（**Q3**）。このことから，雷が発生している雷雲には大量の霰が存在しており，また霰を発生させる強い上昇気流があると考えられます（**Q2**）。

　雷雲内に雷を発生させるだけの大量の霰が存在した場合，その大量の霰が，上昇気流で支えられずに落下しはじめ地上に到達する場合があります（**図49-1**）。霰が落下途中で溶けると，地上では激しい雨となり，溶けない場合は霰のまま地上に降り注ぐ，つまり降霰や降雹となることがあります。また霰が落下した場合，周りの大気を引きずり下ろす影響や霰の融解や降水の蒸発による空気の冷却の影響により，強い下降気流が発生します。この下降気流が地面まで達した場合，地面に達した場所から放射上に突風（ダウンバーストやマイクロバーストと呼びます）が発生することもあります。このように雷が発生する状況にある雷雲は，地上に激しい雨，降霰・降雹，突風などの災害を引き起こすポテンシャルを持っています。雷が多く発生する雷雲ではより大量の霰が発生している傾向にあるので，より激しい雨等の気象災害が発生する可能性は高そうです。

　ではこの雷の発生と地上の激しい雨などの災害はどちらが先

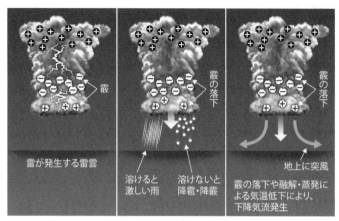

図49-1　雷と他の気象災害（激しい雨，突風，降雹）の関連

に発生するのでしょうか？もし雷活動が先に活発化し，その後に地上で激しい雨や突風が発生するのであれば，雷を観測することにより突然発生する激しい雨や突風の短期予測ができるかもしれません。雷と激しい雨等の気象災害の関係の研究は歴史が長く，少なくとも1960年代から国内外の研究者によって継続して進められています。

　近年になって，Lightning Jumpという現象が研究者間で認識されるようになりました（**図49-2**）。このLightning Jumpは直訳すると「雷のジャンプ」となりますが，もちろん雷が実際に飛び跳ねているのではありません。Lightning Jumpは**図49-2**に示すように，雷の発生数がジャンプする様に急激に多くなることを意味し，Lightning Jumpが発生するとその後に降雹，突風が発生する，という考え方です。実際にアメリカのフロリダ州の観測結果によると，雷発生数が急激に上昇したLightning Jumpの5分から20分後に地上で突風が観測されました。多くの研究者がLightning Jumpと気象災害の関連につ

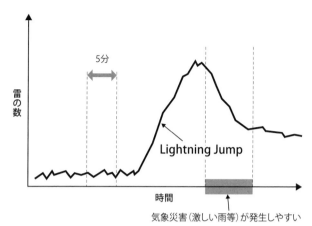

図49-2　Lightning Jump のイメージ図
横軸は時間。縦軸は雷雲内の1分あたりの雷発生数。

いて研究を行っており，日本でも落雷数が急発達したのちに地
上で竜巻が発生した事例も報告されています。

　アメリカ気象局では Lightning Jump を利用した竜巻注意情
報の発令を一部で始めています。担当者は雷雲を観測する気象
レーダーデータに加え，地上観測（**Q46**）や衛星観測（**Q47**）
で得た雷のデータから，Lightning Jump の有無や雷の発生場
所，雷の雷雲内での広がりなどを確認します。これらの雷雲の
観測結果から，竜巻注意情報の発出の総合的判断を実施した事
例も報告されています。

雷を狙った場所に落とせるの？

　ここでは，落雷を人為的にコントロールする，言い換えれば積極的に落雷を誘発する誘雷技術としてロケット誘雷とレーザー誘雷をご紹介します。

　ロケット誘雷（**巻頭カラー口絵6**）とは，雷雲が上空に来た時に一端を接地した細い導電性ワイヤを小型ロケットで急速に引き上げ，落雷を誘発する技術です。ロケットによって引き上げられるワイヤは地上高200～300m程度に及び，瞬間的に避雷針を建てるのと同様の効果を生むと説明される場合もあります。実際には，ワイヤを秒速100mを超える高速で引き上げるので，その先端には同じ高さの避雷針よりも強い電界を形成することができ，常時建っている避雷針より効果的に落雷を誘発することになります。ロケットが雷雲に突っ込んで行ったり，雷に撃たれたりするのではなく，ロケットで引き上げられるワイヤの先端から上向きにリーダ（**Q7**）が発生して上空の雷雲に向かって伸びて行きます。この時点でロケットが引き上げたワイヤは流れる電流によって溶け，ワイヤが存在した場所およびその上方に形成される放電路によって雷雲の電荷領域と大地がつながると落雷に至ります。すなわち，放電路の最下部は引き上げられたワイヤの経路になり，あらかじめ意図した場所に落雷させることができます（**図50-1**）。地上にワイヤを巻いたボビンを固定しロケットで一端を引き上げる方式の他，ワイヤの一端を大地に接地してロケットに搭載したボビン自体を持ち上げる方式や，空中に長いワイヤを接地せずに配置しその上下にリーダを発生させる方式のロケット誘雷も行われています。

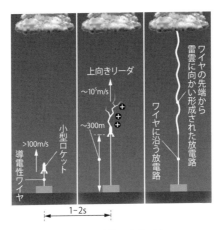

図 50-1　ロケット誘雷のイメージ

　世界初のロケット誘雷成功は，1967 年にアメリカのグループによってメキシコ湾の船上から打上げられたロケットで成し遂げられました。これに続いて 1973 年からは，フランスの研究者グループが標高 1000m を超える山中で組織的にロケット誘雷実験を実施し，6 年間で 76 回の誘雷成功という記録が残されています。その後彼らはアメリカのグループと協力し，ニューメキシコやフロリダで，精力的に誘雷実績を重ねました。

　日本では，1977 年 12 月に石川県の河北潟干拓地で冬季雷雲下のロケット誘雷に成功し，以後 2000 年頃までの間に石川県内で 150 回余りの誘雷成功を数えています。欧米の実験と同様に予め決定できる落雷地点に各種計測器を設置して，雷のメカニズム解明につながる諸データの取得と共に，電力・電子機器への直撃雷の実験が行われました。また，高さ 60m の試験送電鉄塔近傍からロケットを打ち上げ，落雷を誘導する技術を発展させ，落雷が送電設備にどのような影響を及ぼすかを調べるデータを獲得し，落雷対策に貢献しました。2000 年代以

降，日本では大規模な誘雷実験は行われていませんが，小規模な実験は断続的に継続され上記をあわせてこれまでの誘雷実績は約 200 例となっています。

　日本での誘雷成功の後，中国やインドネシアでも実験が行われました。現在も継続的に誘雷実験を行っているのは，アメリカと中国のグループで，アメリカではフロリダの軍用施設に広大な常設の誘雷実験場を構え，雷シーズンには毎年誘雷を行い雷のメカニズムに関する詳細な観測データを蓄積しています。中国では高原地帯の雷に関するデータが得られています。現在，日本のロケット誘雷技術を受け継いでいるのは筆者らのグループのみとなっており，冬季の雷を誘雷するという特異性を活かして，再びこの実験を盛り上げたいと考えています。

　ここからは，ロケット誘雷と並んで雷を狙った場所に落とす技術であるレーザー誘雷をご紹介します。光共振器によって光領域の電磁波を発振するのがレーザーで，レーザー光線には高いエネルギーが集中しています。より強いレーザービームを照射してその経路をプラズマ化することで大気中に導電路を形成し，ロケット誘雷のワイヤの役目をさせようというのがレーザー誘雷です。1970 年代にアメリカのグループで提案され，野外実験も実施されました。500m 上空で数mのレーザープラズマの生成には成功しましたが誘雷にまでは至りませんでした。

　日本では大出力レーザー技術の進歩に伴い 1980 〜 1990 年代にいくつかの研究機関でレーザーによる放電誘導に関する室内実験が行われました。**図 50-2** が室内実験のモデルで，プラ

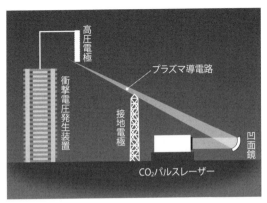

図 50-2　レーザーによる放電誘導の室内実験モデル（三木・
和田, 大気電気研究, 1994）

ズマ化（**Q6**）した放電路を電極間に形成した上で電極にインパルス高電圧を加え，意図した経路に通常では発生しない長さの電極間で放電路を形成しようとするものです。自然放電ではせいぜい1m程度の距離でしか放電しない約1mV（ミリボルト，1V＝1000mV）の電圧で，10m近い距離の電極間に放電を誘導したり，複数のレーザー光線を使って折線型の放電路を形成することに成功するなどの成果がありました。

　1993年からは，福井県美浜町の嶽山で実際の雷雲下での野外レーザー誘雷実験が開始されました。ロケット誘雷と同様，こちらでも雷雲の高度が低い，すなわちターゲットとなる電荷までの距離が近い冬季の雷雲が対象とされました。野外実験開始当初に使用されたのは出力100J（ジュール）*のものでしたが，最終的には1kJのレーザーを2ビーム使用して空中に20m近いプラズマを生成できるようになりました。

　改良と工夫を加えた結果1997年2月に世界初のレーザー誘雷に成功しました。レーザー誘雷が落雷を人為的にコントロールする技術として成立することを証明しましたが，キーテクノ

ロジーとなる高出力レーザー装置が高価であることなどが問題
となり，これ以降のレーザー誘雷実験は実施されていません。

　レーザー誘雷もロケット誘雷も，雷雲がなければ雷は起きま
せん。いずれも上空に雷雲が迫っている時，自然に雷が起こる
よりも前に，レーザーやロケットで放電が起こるきっかけを与
えて予め設定した地点に落雷を誘発する技術です。いかに良い
タイミングでロケットやレーザーを発射するかが大きな課題で，
地上の電界や雲内で発生する弱い放電の前駆現象に伴う電波を
測定する装置，気象レーダーによる観測データなどを駆使して
機会を待ちます。野外実験を通じてノウハウが蓄えられ，レー
ザー誘雷では自動発射装置の仕組みも用いられましたが，まだ
まだ現場担当者の経験に基づく職人技の要素も多いところです。

　（Q42）で述べた避雷針も，その存在がなければ周辺のどこ
かに落雷していたものを，避雷針に誘導するという意味におい
て，落雷箇所を人為的にコントロールしていると言うことがで
きます。これまでの誘雷実験は，狙った場所への落雷を詳細に
観測するためや，実際に落雷を受けた機器や材料がどのような
影響を受けるのかを調べる目的で行われてきました。誘雷実験
に関わる筆者としては，雷雲が迫った時に落雷をコントロール
し，「雷を落としたくないところには落とさない」能動的な雷
対策として活用できるほどの誘雷技術向上を目指すところです。

＊J（ジュール）…Q21 参照。
・QR コード　　　　　　　　　から，関連動画が視聴できます。

雷は人工的に
作れるの？

Answerer 森本 健志

　雷は雷雲内に溜まる電荷によって生じる強電界が大気の絶縁を破壊して起こる放電現象です（**Q1**）。特に，雷に代表されるような，激しい光や音（火花）を伴い短時間で急激に発生する放電を火花放電と呼んでいます。人工的に雷を発生するためには空気中に高い電圧をかける必要があります。周囲の条件にもよりますが，大気圧下で空気の絶縁破壊に必要な電界の目安は300万V/mです。つまり300万V（一般の乾電池200万個分）の電圧で1mの距離に雷を落とせるということになります。単純にこのような高電圧を得ることも困難ですが，空気中に間隔（空隙, ギャップ）を空けて配置した電極間に加える電圧を徐々に上げていったのでは，雷の発生に必要な電圧にはなりません。電極間への充電がゆっくりだと必要な量の電荷が溜まる前に電荷が空気中に漏れ出してしまうからです。このため人工の雷を作るためには，たとえ1mの距離であっても300万Vという高電圧を一旦別のところに蓄え，それを一気に電極間に加えなければなりません。ここで言う「一気に」とはμ秒のオーダを意味し，仮に出力が300万Vの電池があったとしても，それを普通のスイッチで繋いでONにしていたのでは全く及ばない立上り速度が求められます。

　各種耐雷試験などで用いられるインパルス（衝撃）電圧発生装置では，**図51-1**に示すような充電した複数のコンデンサを一気に直列接続してその合計を出力電圧とする「多段式インパルス電圧発生器」が一般的に用いられます。この装置が，人工雷発生装置に最も近いと言うことができ，多段のコンデンサを瞬時に直列に繋ぎ変えるためのスイッチとしても火花放電，い

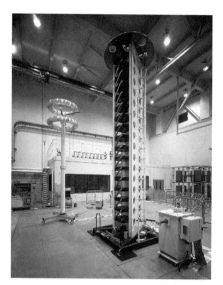

図 51-1　多段式インパルス電圧発生器（提供 音羽電機工業(株)）

わゆる「小さな雷」が用いられます。並列接続で充電した各コンデンサの前後を「小さな雷」で一気に繋ぐ方法です。大学や高専等の実験室に備え付けられる規模のもので数百 kV を発生し１〜２m 程度の距離で人工の雷を発生することができます。日本最大のインパルス電圧発生器は電力中央研究所塩原実験場にある最大充電電圧 12MV（メガボルト，１MV＝100万V）の装置（2021 年現在）で，この装置を使用すると 10m 以上の距離で人工の雷を発生させることができます。このような装置を用いて，数 km の距離にある雷雲と大地間の距離のようやく1000 分の１程度の距離で人工の雷を作ることができますが，実際の雷と比べて物足りないのはその距離だけではありません。放電時に流れる電流がその大きさも継続時間も圧倒的に小さく短いものとなっています。従ってこの Question には，数 km

以上に及ぶ距離を稲妻が走り大きな雷鳴と眩い稲光を発する自然界のスペクタクルである雷は人工的には到底作ることのできない自然の猛威であると筆者はお答えしたいと思います。

一方，冬場にドアノブや自動車等に降れた際に起こるパチッという衝撃も，極小さな雷と考えることができます。人体に帯電した電荷とドアノブや車の間に生じた電位差（電圧）によって，空気が絶縁破壊して火花放電が起きます。距離が短い分，低い電圧で放電が起きますが，それでも人体と金属の間でパチッという時には数百Ｖ程度の電圧が生じています。この他，ガソリンエンジンや，ガスコンロ，ライターなどの火花点火にも「小さな雷」が利用されています。ガソリンエンジンでは，バッテリーから供給される直流のオンとオフを素早く繰り返すことで交流にし，巻き数の違うコイルで昇圧するイグニッションコイルによって放電に必要な20数kV以上の高電圧をスパークプラグに加えることによって発生する「小さな雷」で点火しています。ガスコンロやライターでは，力を加えられた際に電圧を生じる圧電素子にバネやラチェットの機構で瞬間的に大きな力を加えることによって得られる高電圧で「小さな雷」を起こしています。

雷のエネルギーをためて
使えるの？

Answerer 吉田　智

　　落雷の電力をコンデンサにためる「雷発電装置」は実現可能
でしょうか。「雷発電装置」とは，高い鉄塔と充電施設からな
り，高い鉄塔で落雷を受けてその電気を充電する装置です
（**図 52-1**）。大電流の雷電流をそのまま蓄電するのは，技術的
に難しそうです。しかしながら，蓄電装置であるコンデンサを
並列接続で多数つなげれば，一つあたりのコンデンサに流入す
る電流は小さくなり，雷発電装置は技術的には可能かもしれま
せん。ただ私の知りうる限り誰も試したことがなく，実績とし
て一回の落雷どれだけの電気を取り出せるのかはわかりません。

　　そこで，落雷の電力を安全に蓄電する「雷発電装置」が開発
できたとしたら，どのくらいの電気を発電できるのか試算しま
しょう。落雷は激しい稲光と雷鳴を伴う何 km にもわたる放電
なので，1 回の落雷で原発 1 個が 1 年間発電するくらいの発電
量があるかもしれない，と期待するかも知れません。

　　これまでの観測結果から，1 回の落雷の全エネルギーは
300kWh から 3000kWh くらいと試算されています（**図 52-1**）。
もちろんもっと大きなエネルギーの雷もありますが，多くの雷
の場合は大体この範囲に入る，と思ってください。ここでは計
算を簡単にするため，真ん中あたりの 1800kWh で試算します。
国内の一世帯あたりの 1 ヶ月の消費電力はおよそ 300kWh で
すので，雷 1 回の全エネルギー（1800kWh）を全て取り出せ
れば，通常の一般家庭の電気を半年間（1800kWh/300kWh）
の電力を得られます。一般家庭 1 世帯分の電力を落雷だけで賄
うには，年 2 回の落雷のエネルギーが必要です。

　　米国フロリダ州のデータでは，高さ 60m のタワーでおよそ

●雷1回のエネルギー　1,800kWh
●一般家庭一月分の電力量　300kWh
●雷1回の全エネルギーで
　一般家庭6ヶ月分の電気量
●米国フロリダでは60mのタワーに
　年1回の落雷
●フロリダに60mタワー2本あれば
　一般家庭一軒分の電気を賄える
　⇨日本では少なくとも2本の
　　60mタワーが一般家庭一軒分の
　　電力のために必要
　　→経済的にペイしない

充電施設

電気を
ためる

雷発電のイメージ

図52-1　雷発電装置のイメージと試算

年1回の落雷が発生します。フロリダ州で60mの高さの鉄塔を持つ雷発電装置が2台あれば，年間2回の落雷を得られ，一般家庭の電力消費を賄うことができます。フロリダ州は雷の多い地域で，人工衛星観測結果（**Q47**）によると日本よりも多く雷が発生しています。フロリダで2台必要ということであれば，日本では一般家庭1世帯の消費電力を発電するためだけに，少なくとも2台の雷発電装置は必要です。

　今回の試算は落雷のエネルギーを全て使えれば，という仮定で計算しています。しかしながら，実際には雷のエネルギーの大半は光（稲光），音（雷鳴），熱として放出されてしまうため，上記の試算よりもさらに効率が悪くなります。60mの鉄塔の建設費用だけでも，おそらく一般家庭の100年分の電気代よりも高額でしょう。もちろんこれ以外に充電装置や運用経費も必要です。残念ながら落雷から電気を得ることは技術的に可能になったとしても，経済的に成り立ちません。

　雷から直接電力を得るのは経済的に難しいですが，すでに雷エネルギーの「源」からはすでに電力を得ています。雷の発生には上昇気流が必要で，上昇気流を生むエネルギー源の一つは水蒸気の放出する潜熱です（Q2，Q3）。太陽光エネルギーにより水が暖められて水蒸気が発生しています。つまり，雷エネルギーの源の一つは太陽光であり，太陽光のエネルギーの一部が雷の電気エネルギーに変換されている，と考えることができます。我々は太陽光のエネルギーが雷の電気エネルギーに変換される前に，太陽光のエネルギーをソーラーパネルで取り出して使っています。この方が遥かに安全で経済的です。

Section **6**

「雷」にまつわる
歴史と文化

昔はどのように雷の研究を進めていたの？

Answerer 吉田　智

　　雷研究の父ともいうべき人はベンジャミン・フランクリンです。彼は 1750 年頃の雷雨の日に凧を上げました。凧の糸の地上側の端には当時，発明されていた蓄電器という電気をためられる装置につなげていました（**図 53-1**）。すでに摩擦により電気が発生し，十分電気がたまると火花が発生することが知られており，もし雷が電気現象であれば，蓄電器にも電気がたまるはずで，十分にたまった場合，蓄電器内で放電が起こるはずだ，と彼は考えたわけです。実際彼の実験では雷雨時に凧を上げると，蓄電器内で火花が発生し，雷は電気現象であることを彼は証明しました。なお，フランクリンの実験は非常に危険なので真似はしないでください。実際ロシアの研究者が凧の実験で落雷し，亡くなりました。（フランクリンの実験については諸説あります。今回はそのうちの一つを紹介しました。）

　　雷が電気現象であるとすれば，雷雲に何らかの過程で電荷が発生し，雷雲内に電荷が分布しているはずです。これが雷の次の大きな謎でした。この謎を説明するために，多くの説が生まれては消えました。有力な説は，フランクリンの実験から 100 年以上後の 20 世紀初めのシンプソンのレナード効果を使った説です。レナード効果とは，水滴が分裂すると，分裂後に大きいほうの水滴はプラスになり，小さいほうの水滴はマイナスになるという現象です（**図 53-2**）。レナード効果は別名滝効果とも言い，滝の近くでは水滴の分裂が多発しマイナスイオンが多くなる原因です。彼は雷雲中の上昇気流中で水滴が分裂していると仮定しました。分裂した水滴の大きいものはプラスに帯電し，重いので雷雲下部に集まり，小さい方は軽く雷雲上

図53-1 ベンジャミン・フランクリンによる凧の
実験（イメージ）

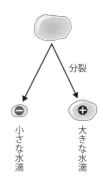

図53-2 レナード効果
水滴の分裂により大き
な水滴はプラス，小さ
な水滴はマイナスに電
荷が分かれる。

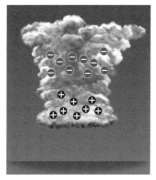

図53-3 シンプソンがレナード効果
を使って推定した雷雲内の電荷構造
雷雲上部がマイナスで下部がプラス。

図53-4 ウィルソンが地上電界観測
により推定した電荷構造
雷雲上部がプラスで下部がマイナス。

部まで吹き上げられます。シンプソンの説では，最終的に雷雲
の上部はマイナス，下部はプラスに帯電します（**図53-3**）。

　これに対して霧箱の発明で有名なウィルソンは，雷雲内の電
荷構造を調べるために，地上電界を計測する装置を開発し，雷
雲接近時に地上電界を観測しました。この装置は，現在の
フィールドミルのような装置です（**Q48**）。地上電界の方向か
ら間接的に雷雲内の電荷構造を推定可能で，多くの雷雲では雷

雲の上部がプラス，下部がマイナスであることを示しました（**図 53-4**）。

　ウィルソンの観測結果はシンプソンの説と真逆です。1928年に国際会議がイギリスであり，シンプソン派とウィルソン派の大論争があったと，その国際会議に出席していた中谷宇吉郎先生（世界で初めて人工雪を作ることに成功した日本の著名な気象学者）が記されています。会議ではウィルソンの説を支持する研究結果が多く，ウィルソン派が優勢だったようです。

　劣勢のシンプソンは，より決定的な証拠を得るために，雷雲内の電荷を直接観測しようと考えました。ただ雷雲内を直接観測するのは容易ではありません。彼が用いたのは大きな風船です。風船に気温，気圧，電界を計測する装置を繋げて，雷雲に向けて多数飛ばしました。（現在もこのような観測は実施されており，ゾンデ観測と呼ばれています。）彼の飛ばした風船は雷雲に突入後，雷雲内の電界や気温を記録していきます。当時は GPS などない時代ですから，風船がどこへ落下したかはわかりません。彼は測定器に手紙を添えて，落下した測定器を拾った人にシンプソンまで送り返してくるようにお願いしました。風船が無事シンプソンまで戻ってきて，ようやく彼は雷雲内のデータを解析することができました。この地道な観測をインドで3年間続けた結果，雷雲内の推定される構造は**図 53-5**となりました。

　図 53-5 ではウィルソンの観測の通り，雷雲の上部がプラスで下部がマイナスの箇所が多いです。しかしながら，上昇気流の強い場所ではマイナスの場所の下に小さなプラスの領域があ

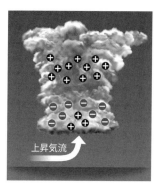

図 53-5　シンプソンが風船を用いて電荷分布を直接観測した雷雲内の電荷構造
多くの場所で雷雲上部がプラスで下部がマイナスだが、上昇気流の強い場所
では、上から正、負、正の三重極分布。場所により電荷構造が異なる。

ることもわかったのです。これが今でいうポケット正電荷ですね（Q3）。上昇気流の強い場所では雷雲下部に正電荷領域がある、という意味においてはシンプソンの最初の説（図 53-2）も正しいと言えそうです。結局、相反するウィルソンとシンプソンの論争は、両者とも雷雲の別の場所を示していたこととなり、実際の雷雲では両者を足し合わせたような状況となっていました。

　シンプソンの風船の実験により新たな問題が浮かび上がりました。風船による気温観測の結果、雷雲上部の正電荷領域では－20℃よりも気温が低いことがわかりました。シンプソンは水滴の分裂による電荷分離（レナード効果）を想定していましたが、－20℃では多くの水滴は凍ってしまい、レナード効果は発生しません。そうなると電荷を発生させているのは水滴ではなく雪や氷などの個体の水、となります。

　レナード効果による説明が破綻したので、次なる問題は水の個体（雪や氷）がどのようにして電荷分離が発生するのか、という点でした。この問題は 20 世紀後半に着氷電荷分離機構

が提唱され，現在では霰や氷晶などの衝突により帯電が発生することにより雷雲に電荷領域が形成されると考えられています。ただ，まだこれでも完全に雷雲内の電荷の謎は解けたわけではありません。シンプソンが観測により存在を指摘したポケット正電荷の生成メカニズムなど，まだまだ謎は残されています（ **Q3** ）。

雷を含むことわざは どういうものがあるの？

Answerer 鴨川　仁

　中国の古典に記された内容が元になってできた教訓の言葉である故事成語，科学的根拠がなくとも長年の経験や知恵を表す俗信，教訓に風刺や皮肉が含まれることもあることわざ，同様に伝承されていることば遊び，日常の行動や物事の状態を表した慣用句には「雷」が含まれることは多々あります。ある調査によると約4万3000収録されている故事俗信ことわざ辞典には約70もの雷を含む言葉があり，地震・津波の約2倍，雨の8分の1ぐらいの用語数があったとのことです。

　長い間「雷」を含むこれらの言葉で日常において頻繁に使われているものは，「地震・雷・火事・親父」ではないでしょうか。世の中で怖いものを順に並べたものですが，父親をイクメンなどと呼ぶこともある現代では，火事の次に怖いものという風習はなくなりつつあります。しかし，この言葉が使われていた江戸時代では封建的な家父長制度での父親の位置づけは高く威厳があるものだったのでしょう（**図54-1**）。なお親父は「やまじ（台風）」が変化したものという説が近年でてきたようですが，文献の存在も不明瞭であるため信憑性は低いとみられています。この言葉は，人間が感じる怖さを表していますが，参考までに，災害の規模を知るために死者数を比較してみます（**図54-2**）。国が発行する各種白書によれば，地震（津波も含む），雷，火事による死者は，火事が一番多く，地震・津波も甚大なる災害です。それと比べると現代における落雷による死者は桁違いに少ないです。

　故事における四字熟語にもしばしば「雷」が見うけられます。「疾風迅雷」は，激しく素早いさまを意味します。速く激しく

図54-1　1855年幕末の江戸を襲った安政の大地震の時に流行した鯰絵（東京
　　　　大学総合図書館石本コレクション）
　　　地震，雷，火事，親父の絵が書かれている。

吹く風の意味の疾風，激しい雷の意味の迅雷という言葉で構成
されています。そのほか，「付和雷同」も日常で使われる言葉
です。意味は，自分にはっきりとした意見や主張がなく，軽々
しく他人の意見に同調することです。「付和」とは，定見なく
他人につき従うことの意味，「雷同」とは，雷が鳴るとそれに
応じて物が動くように，他人の意見に同調することの意味です。
　このように雷の激しさ，瞬時の現象を日常の言葉として取り
込むだけでなく，雷の現象そのものを表すことがあります。
「雷 三日」は，夏に雷が発生すると，3日ほど続くというこ
とということです。夏の雷では，寒気が上空に入ると，日射に
より地面が熱せられて，上空との大きな温度差が生じ，大気の
状態が不安定になります。このような寒気は，数日続くことが
あるために，雷が3日続くといった現象が見られるものです。
「春雷（四月雷）は日照りのもと」ということわざは，春先の

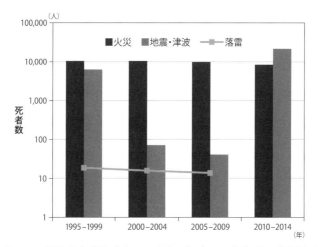

図54-2　地震・津波,落雷,火事による近年5年ごとの死者数（順に「防災白書」「警察白書」（**Q41**），「消防白書」のデータから）

　4月（新暦の5月）ごろに雷が多いと，その年の夏は日照りになると信じられているものです。この時期に発生する雷は，低気圧に伴う寒冷前線や梅雨前線が移動する時に大気の状態が不安定になることで発生する雷のことをいいます。この時期の雷が多く発生する時は前線の発達が活発であり，太平洋高気圧が早く張り出してきてしまうことで，梅雨明けが早いないしは空梅雨になりやすくなるということで理解できます。これらのことわざには経験だけでなく科学的な裏付けが現代でできるようなものであり，ことわざの意義がよくわかるものでしょう。

　最後に，「青天の霹靂」を紹介しましょう。霹靂は雷を示します。つまり，晴天時の空に突然起こる雷を表しています（**巻頭カラー口絵1**）。現在では，一般には思いがけない突発的事変を意味するようになりました。

雷が多いと豊作になる
というのは本当？

Answerer 鴨川 仁

6

　雷から発生する光を示す稲妻は，「稲の夫（つま）」の意味から生まれた言葉です。「つま」は，古くは夫婦や恋人が互いに相手を呼ぶ言葉で，妻・夫どちらも「つま」と言っていました。古代より稲の実りの時期に雷が多いので，稲妻（稲光）が稲を実らせるという言い伝えがあります。その関係性は，科学的には明瞭には示されていません。一般に雷活動が活発な時は，気温が高く一時的に多量な恵みの雨を降らせます。そのことは植物の生育によいので，稲の実りがよくなる原因と指摘している人がいます。別の意見として，雷による窒素酸化物の生成が食物の栄養に貢献しているという考えがあります。

　生物の育成には，窒素，リン，カリウムが必要とされます。窒素は，アミノ酸，RNA，DNAなどに含まれるわけですから生命にとって欠かせないものです。一方，安定な分子である窒素分子については，大気の約8割を占めるぐらいに存在していますが，気体の窒素分子のままでは植物は取り込めません。窒素原子を含む硝酸イオンやアンモニウムイオンのような化学反応がしやすい形に変わる必要（窒素固定と呼びます）があります。（ただし，ごく一部の細菌だけは窒素分子をアンモニアに変換させる働きを持ちます。）一方，雷は高エネルギーゆえに窒素分子を窒素酸化物にすることができます（**Q16**）。これらが雨水に溶けるなどして窒素固定がなされ，植物の栄養素になります（**図55-1**）。前近代での農業は，生物的（ごく一部の細菌）および落雷による窒素固定が唯一の方法だったため農業生産量には限界がありました。その後の人口増によって，農業生産効率を上げる必要が高まったところ，天然の肥料であるチリ

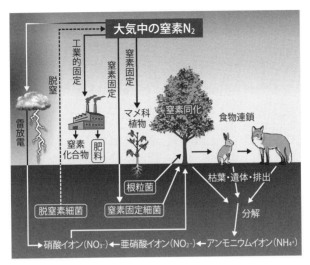

図 55-1　窒素循環

硝石（硝酸塩鉱物の一種）が発見され，広く利用されました。チリ硝石の資源枯渇が危惧されましたが，工業的に 1900 年代初頭に窒素分子を取り込み，水素と結合させアンモニアを作る方法が見つかり，効率よく肥料が造られるようになりました。

　以上の背景からかつては，雷による窒素固定の効果も無視できなかったと考えられます。雷起源の窒素固定の効果は細菌などの生物起源によるものの 5 ％前後の効果はあると見込まれています。現在の稲作では十分に肥料が人為的に与えられているため，稲妻の語源を落雷の窒素固定から感じることは少ないでしょうが，当時としては，効果を感じることができたとみられます。

　同様に古く知られていることに，キノコも雷によって育成が活発化される植物です。帝国ローマ時代のギリシャ人哲学者・著述家のプルタコスは，希少食材のきのこである松露（しょうろ）の育成に雷が関係しているということを自身の書物で言及

電気刺激なし　　　　電気刺激あり

図 55-2　椎茸への放電実験（提供　岩手大学　高木浩一教授）

しています。現代では，雷を模した放電や過電流の実験（**図 55-2**）で，キノコを始めとしたいくつかの植物の成長が，電気的刺激を与えない時と比べて何倍か高まるという実験報告もあり，実用化もされています。なぜ雷により育ちがよくなるのかの原因はわかっていませんが，過電流などでキノコは生命の危険を感じ生存力を高めるために成長が高まるというふうにも考えられています。また落雷の轟音を模した音による刺激で，過電流と同様にキノコの育成が活性化したという実験結果もあります。

　このように，科学的報告は多くはないものの生命と雷の関係はなにかしらあると言ってもよいでしょう。

雷をきれいに撮りたい！

Answerer　鴨川　仁

　雷の写真は，プロの写真家のみならず，アマチュア写真愛好家の魅力的な撮影対象でしょう（**図56-1**）。世界には雷などの極端気象を追いかけるストームチェイサーと呼ばれるカメラマンもいるぐらいです。また静止画のみならず動画も，撮影機器の高機能化・低価格化に伴い撮影への敷居が下がり，ますます雷はフォトジェニックとなっています。近年では，写真コンテストを通して，学術的価値のみならず芸術性も高い写真が次々と発表されるようになりました（巻頭カラー口絵を筆頭に本書でも多数紹介しています）。

　1回の雷放電は，数百m秒程度で発生するため，この放電自体を1回のシャッターで撮るのは難しいですが，強い稲光を伴うため，長い時間の露光（つまり光を長い時間取り込む。）で明瞭にとらえられます。この方法ならば，連続する複数の放電をとらえることもでき，本書で紹介している数々の写真もその方法で撮影されています。言うまでもないですが，ある程度の長い時間，光を取り込むわけですから，三脚でカメラを固定することは必須です。デジタルカメラにおいては，動画撮影から静止画を切り出して写真とする手法も使えます。

　次に大事なのは，雷の撮影機会を見つけることです。本書をここまで読んでいただいた方には，目的の雷の発生する機会を，気象条件などから予測し，あらかじめ準備することもできるかと思います。

　例えば，上向き雷放電（**Q10**）をとらえたいとしましょう。東京スカイツリーでは，夏に高頻度でタワー先端からの上向き雷放電をとらえることができます。ですから，気象庁などが提

図 56-1　プロカメラマン：植田めぐみ氏による撮影（2019 年
8 月撮影）
ひと夏の間，富士山頂に籠って被写体を待ち構えている。

供する雷ナウキャストやレーダー画像でスカイツリー周辺で雷
活動が発生しそうという情報が得られたならば（**Q48**），そち
らにカメラを向けましょう。ひと夏で数回以上撮影できるチャ
ンスがあります。

　冬季雷（**Q25**）を狙うならば，北陸沿岸，特に金沢市周辺に
行くのがよいでしょう。高いタワーに被雷することが多いので，
こちらもスカイツリーと同様な方法でシャッターチャンスをう
かがうことです（**図 56-2**）。火山雷（**Q28**）ならば桜島を筆頭
に活発な火山に向けて，カメラを構えることです。桜島の火山
雷はスマーフォンでも撮影されており，チャンスに恵まれれば，
撮影はさほど難しくはありません。

　最後に高高度放電発光現象（**Q32**）はどうでしょうか？　落
雷などと違って，雲の上に発生しますから，発生する方向に対
して，下からの撮影は難しいわけです。富士山などの高所から
であれば夏によく発生する下層雲より高い場所から狙えるので，
登山のついでに撮影することも可能です。

図 56-2　冬季雷（提供　中央防雷，2002 年 11 月フィルムカメラにて撮影）
避雷針からの上向き雷を狙うと撮影できる確率が高まる。

図 56-3　イベントトリガの機能を持ったソフトで撮影された雷（2019 年 8 月，富士山頂から UFOCaptureHD 2 にて撮影）。

　発光現象をずっと待ち構えるのは難しいから自動で撮れないのかと思われた方は，瞬間的な発光を判別しその前後の動画のみを記録するパソコンのソフトウェアがあります。このようなソフトウェアを用いると落雷（**図 56-3**）や高高度放電発光現象のほかにも流星，火球などもとらえることができます。

・QR コード から，関連動画が視聴できます。

column 5　雷とおへそ

　「雷様がおへそをとる」日本に長く伝わる言い伝えです。いまでも広く知られたこの話，日本に独特なものであり，その由来ははっきりしてません。今のところもっともそれらしい理由は，二つあります。

　一つは，おへそを隠すということでしゃがむ姿勢になり，被雷する確率を少しでも減らすためという理由です（**Q40**）。もう一つは，しばしば夏の午後に発生する雷雨で気温が一時的に低下し，昼寝をしている子どもたちにお腹を冷やさないように，親が子どもに「雷様がおへそをとるよ」と注意のために言っていたことからというものです。

　その他にも人体・動物に被雷（**Q36**）で，体内に流れた雷の電流の出入り口がへそであったこともいくらか報告されていたため，この言葉が生まれたのではということを言う人もいます。

　いずれにしろ本書で紹介したような他のことわざ・言い伝え（**Q54**）と比べて，なぜこの言葉が生まれたのかがはっきりとはしていません。

（鴨川　仁）

「雷」にまつわる歴史と文化

6

あとがき

　成山堂書店「みんなが知りたいシリーズ」として雷のテーマのお話をいただいた時，執筆者が３人集まって執筆することにいたしました。３人とも雷に関する研究を行なっているので，研究テーマが重なっていますが，異なるところも多いため，各項目を専門とするないしは専門に近いところを各自が選び，署名記事として執筆いたしました。また３人が相互チェックすることにより内容も，一般書として正確な記述のみならずわかりやすさにもお互いに意見を出し合い注意を払いました。

　筆者達の知る限り，成山堂書店は，おそらく日本で最も雷に関する書物を過去に出版している出版社ではないかと思われます。そこに，「みんなが知りたいシリーズ」という，誰もが持つような数々の疑問に答えるという多くの人に読まれているシリーズとして雷の書籍が生まれることになりました。前者が縦の糸とすれば，後者は横の糸といってもよいでしょうか。縦と横の糸が成山堂書店の財産を元につながったのが本書です。

　各項目の科学記述においては，それぞれが原著論文でたどれるようにしてあります。ただし，原著論文がなくとも，多くの研究者に同意が得られているないしは研究論文化されていないようなよく知られた内容，今後研究テーマとして研究者が話題にしている内容も，表現に注意しながら記載いたしました。

　雷の書籍において写真はとりわけ重要な役割になるかと思われます。多くの写真は，筆者達ないしは筆者の共同研究者達に

よるオリジナルを用いております。なお Youtube の「せいざんどうチャンネル」には動画も見られるようにご用意しました。

　各質問に対し，内容の確認ないしは動画・写真・図・データの提供において以下の皆様のご協力を得ましたので厚く御礼を申し上げます（五十音順）。

　　岩手大学　高木浩一 教授

　　宇宙航空研究開発機構　児玉哲哉 主任研究開発員

　　宇宙航空研究開発機構　吉川栄一 主任研究開発員

　　大阪大学　牛尾知雄 教授

　　気象研究所　荒木健太郎 研究官

　　気象研究所　酒井哲 主任研究官

　　気象研究所　佐藤英一 主任研究官

　　気象研究所　林修吾 主任研究官

　　九州大学・桜美林大学　高橋劭 名誉教授

　　女子聖学院高等学校　藤原博伸 教諭

　　成蹊大学　財城真寿美 准教授

　　中央防電株式会社　加藤儀一郎氏

　　中部大学　井筒潤 准教授

　　チューリッヒ工科大学　Antonio Sunjerga 氏

　　電力中央研究所　工藤亜美 研究員

　　電力中央研究所　三木恵 塩原実験場長

　　東海大学　長尾年恭 教授

　　東京都立産業技術高等専門学校　大古殿秀穂 元教授

　　同志社大学　馬場吉弘 教授

　　認定 NPO 法人富士山測候所を活用する会山頂班　岩崎洋班長

　　認定 NPO 法人富士山測候所を活用する会東京事務局　林真彦氏

認定 NPO 法人富士山測候所を活用する会富士山環境研究センター
　源泰拓 特任研究員（第 57 次南極地域観測隊員）

認定 NPO 法人富士山測候所を活用する会富士山環境研究センター
　安本勝 主任研究員

福島大学　鳥居建男 特任教授

フォトグラファー　植田めぐみ氏

Eagle Creek Golf Club, NC, USA Taylor and Paasch 氏 , Tim Paasch 氏
　（NASA global hydrology resource center）

NY ジオフィールド　野田洋一氏

University of Florida, Vladimir A. Rakov 教授

　下記の皆様には，書籍全般に渡って多大なご協力を得ました
ので重ねて厚く御礼を申し上げます。

音羽電気工業株式会社

岐阜大学工学部　王道洪 教授

静岡県立大学グローバル地域センター　鈴木智幸 客員共同研員

　最後に，本書の出版に我々にお声をかけてくださり発刊まで
ご伴走いただいた成山堂書店 小川典子社長及び小野哲史氏に
一同御礼を申し上げます。

2021 年 7 月
　　　　　　　筆者を代表して静岡県立大学　鴨川　仁　識す

参 考 文 献

Section 1 「雷」の正体

Q1 雷って何？

Rakov, V. A., and M. A. Uman（2003）, Introdcution, *in Lightning: Physics and Effects*, chap.1, pp. 1-23, Cambridge Univ. Press, Cambridge, U. K.

Q2 雷雲はどうやって発生するの？

小倉義光（2016）, 一般気象学（第2版補訂版）, 東京大学出版会, pp. 308.

水野量（2000）, 雲と雨の気象学, 朝倉書店, pp. 196.

Q3 雷雲にはどうやって電気がたまっていくの？

Dwyer, J. R. and M. A. Uman（2014）, The physics of lightning, *Physics Reports*, **534**, 147-241.

Nag, A., and V. A. Rakov（2009）, Some inferences on the role of lower positive charge region in facilitating different types of lightning, *Geophys. Res. Lett.*, **36**, L05815.

Rakov, V. A., and M. A. Uman（2003）, Elctrical structure of lightning-producing clouds, *in Lightning: Physics and Effects*, chap.3, pp. 67-107, Cambridge Univ. Press, Cambridge, U. K.

Stolzenburg, M., T. C. Marshall, W. D. Rust, and D. L. Bartels（2002）, Two simultaneous charge structures in thunderstorm convection, *J. Geophys. Res.*, **107**（D18）, 4352.

Takahashi, T.（1978）, Riming electrification as a charge generation mechanism in thunderstorms, *J. Atmos. Sci.*, **35**, 1536-1548.

高橋劭（2009）, 雷の科学, 第五章, 東京大学出版会.

Q4 雷は何がきっかけで始まるの？

Dwyer, J. R. and M. A. Uman（2014）, The physics of lightning, *Physics Reports*, **534**, 147-241.

Gurevich, A. V., G. M. Milikh, and R. A. Roussel-Dupre（1992）, Runaway electron mechanism of air breakdown and preconditioning during a thunderstorm, *Phys. Lett. A*, **165**, 463-468.

Gurevich, V. and K. P. Zybin（2005）, Runaway Breakdown and the Mysteries of Lightning, *Physics Today*, **58**, 5, 37.

Q5 雷にはどんな種類があるの？

Nag, A., and V. A. Rakov（2009）, Some inferences on the role of lower positive charge region in facilitating different types of lightning, *Geophys. Res. Lett.*,

36, L05815.

Rakov, V. A., and M. A. Uman（2003）, Introdcution, *in Lightning: Physics and Effects*, chap.1, pp. 1-23, Cambridge Univ. Press, Cambridge, U. K.

石井勝（2013）, 上向き雷放電, *第31回レーザセンシングシンポジウム予稿集*, 32-35, .

Q6　雷の光っている場所はどうなっているの？

Rakov, V. A. and M. A. Uman（1998）, Review and evaluation of lightning return stroke models including some aspects of their application, *IEEE Trans. EMC*, **40**, 403-426.

大澤幸治（1993）, *自然界のプラズマ, プラズマ・核融合学会誌*, **69**, 97-101.

Q7　雷はどうやって雲から地上までやってくるの？

Rakov, V. A., and M. A. Uman（2003）, Donward negative lightning discharges to ground, *in Lightning: Physics and Effects*, chap.4, pp. 108-213, Cambridge Univ. Press, Cambridge, U. K.

Q8　落雷はどうやって雲の中の電気を中和するの？

Cooray, V.（2014）, The Lightning Flash, 2nd Edition, The Institution of Engineering and Technology.

Rakov, V. A., and M. A. Uman（2003）, Donward negative lightning discharges to ground, *in Lightning: Physics and Effects*, chap.4, pp. 108-213, Cambridge Univ. Press, Cambridge, U. K.

Ripoll, J.-F., J. Zinn, C. A. Jeffery, and P. L. Colestock（2014）, On the dynamics of hot air plasmas related to lightning discharges: 1. Gas dynamics, *J. Geophys. Res. Atmos.*, **119**, 9196-9217.

Q9　雷はなぜジグザグになるの？

Biagi, C. J., D. M. Jordan, M. A. Uman, J. D. Hill, W. H. Beasley, and J. Howard（2009）, High-speed video observations of rocket-and-wire initiated lightning, *Geophys. Res. Lett.*, **36**, L15801.

Jiang, R., et al.（2017）. Channel branching and zigzagging in negative cloud-to-ground lightning, *Sci. Rep.*, **16**, 50830.

Montanyà, J., O. van der Velde, O. and E. Williams（2015）, The start of lightning: Evidence of bidirectional lightning initiation, *Sci. Rep.*, **5**, 15180.

Saba, M. M. F., Schumann, C., Warner, T. A., Ferro, M. A. S., de Paiva, A. R., Helsdon, J., and Orville, R. E.（2016）, Upward lightning flashes characteristics from high-speed videos, *J. Geophys. Res. Atmos.*, **121**, 8493-8505, doi:10.1002/2016JD025137.

Q10　地面から雷雲にむかって進む雷があるって本当？

石井勝 (2013), 上向き雷放電, *第31回レーザセンシングシンポジウム予稿集*, 32-35, .

column 1　世界最大の雷：Mega Flash

Guinness World record, https://www.guinnessworldrecords.com.

Peterson, M. J., et al. (2020), New World Meteorological Organization Certified Megaflash Lightning Extremes for Flash Distance (709 km) and Duration (16.73 s) Recorded From Space, *Gepohys Res. Lett.*, **47**, e2020GL088888.

Lyons, W. A., et al., Megaflashes: Just How Long Can a Lightning Discharge Get?, *Bull. Am. Met. Soc.*, **101**, 1, 2020.

World Meteorological Organization (2020), WMO certifies Megaflash lightning extremes.

Section 2　「雷」の特徴

Q11　どんな時に雷雲は発生しやすいの？

小倉義光 (2016), 一般気象学 (第2版補訂版), 東京大学出版会, pp. 308.

水野量 (2000), 雲と雨の気象学, 朝倉書店, pp. 196.

Q12　どうして落雷と雲放電の違いがあるの？

Krehbiel, P., et al. (2008), Upward electrical discharges from thunderstorms, *Nature Geosci.*, **1**, 233-237.

Marur, V. and L. H. Ruhnke (1998), Model of electric charges in thunderstorms and associated lightning, *J. Geophys. Res.*, **103**, D18.

Q13　何が雷の種類を決めているの？

Bruning, E., S. A. Weiss, and K. M. Calhoun (2014), Continuous variability in thunderstorm primary electrification and an evaluation of inverted-polarity terminology, *Atmos. Res.*, **135**, 274-284.

Krehbiel, P., et al. (2008), Upward electrical discharges from thunderstorms, *Nature Geosci.*, **1**, 233-237.

Marur, V., and L. H. Ruhnke (1998), Model of electric charges in thunderstorms and associated lightning, *J. Geophys. Res.*, **103**, D18.

Q14　稲光って何色？

Malan, D. J., and B. F. J. Schonland (1947), Progressive lightning VII, *Proc. Roy.Soc.*, **A191**, 485-503

北川信一郎, 三浦和彦, 河崎善一郎, 道本光一郎 (1996), 大気電気学, 東海

大学出版会，pp. 200.

Q15　雷のゴロゴロはどうやって聞こえるの？

Rakov, V. A., and M. A. Uman（2003）, Thunder, *in Lightning: Physics and Effects*, chap.11, pp. 374-393, Cambridge Univ. Press, Cambridge, U. K.

Q16　雷から大気汚染物質が発生しているって本当？

Murray, L. T.（2016）, Lightning NO x and Impacts on Air Quality, *Curr. Pollution Rep.*, **2**, 115-133.

Ott, L. E., K. E. Pickering, G. L. Stenchikov, D. J. Allen, A. J. DeCaria, B. Ridley, R. F. Lin, S. Lang, and W. K. Tao（2010）, Production of lightning NOx and its vertical distribution calculated from three-dimensional cloud-scale chemical transport model simulations, *J. Geophys. Res. Atmos.*, **115**（D4）, D04301.

Q17　雷の電気はどこへ行くの？

Mach, D. M, R. J. Blakeslee, M. G. Bateman, and J. C. Bailey（2009）, Electric fields, conductivity, and estimated currents from aircraft overflights of electrified clouds, *J. Geophy. Res.*, **114**, D10204.

National Weather Service, Lightning and Fish, https://www.weather.gov/safety/lightning-fish

Sunjerga, A, Q. X. Li, D. Poljak, M. Rubinstein, F. Rachidi（2019）, Isolated vs. Interconnected Wind Turbine Grounding Systems: Effect on the Harmonic Grounding Impedance, Ground Potential Rise and Step Voltage, *Elect. Power Sys. Res.*, **173**, 230-239.

高橋健彦（2001），図解 接地システム入門，オーム社，pp.184.

Q18　地上に雷が落ちると，その痕跡は残る？

Krider, E. P.（1977）, On Lightning Damage to a Golf Course Green, *Weatherwise*, **30**.

Pasek, M., K. Block（2009）, Lightning-induced reduction of phosphorus oxidation state, *Nature Geosci.*, **2**, 553-556.

Rakov, V. A.（1996）, Lightning Makes Glass, *29th Annual Conference of the Glass Art Society*, Tampa, Florida.

Ritenour, A. E., M. J. Morton, J. G. McManus, D. J. Barillo, L. C. Cancio（2008）, Lightning injury: A review, *Burns*, **34**, 585-594.

Uman, M. A., The diameter of lightning, *J. Geophys. Res.*, **69**, 583-585, 1964.

北風嵐，小松隆一（2016），萩市高山斑れい岩中の磁鉄鉱とチタン鉄鉱の化学組成について，*山口大学工学部報告*，**66**, 53-80.

Q19　雷から放射線が出るのは本当ですか？

Dwyer, J. R. and M. A. Uman (2014), The physics of lightning, *Physics Reports,* **534**, 147-241.

Gurevich, A. V., G. M. Milikh, and R. A. Roussel-Dupre (1992), Runaway electron mechanism of air breakdown and preconditioning during a thunderstorm, *Phys. Lett. A,* **165**, 463468.

Gurevich, V. and K. P. Zybin (2005), Runaway Breakdown and the Mysteries of Lightning, *Physics Today* **58**, 5, 37.

Torii, T., T. Sugita, and Y. Muraki (2008), Observation of the gradual increases and bursts of energetic radiation in association with winter thunderstorm activity, *Proc. 30th International Cosmic Ray Conf.,* **1**, 677-680.

Q20　大気中の放射性物質が増えると雷が多くなるというのは本当？

Harrison, R. G. (2013), The Carnegie Curve, *Surv. Geophys.,* **34**, 209-232.

Markson, R. (2007), The global circuit intensity: Its measurement and variation over the last 50 years, *Bull. Am. Met. Soc.,* **88**(2), 223-242.

Williams, E. R. (2009), The global electrical circuit: A review, *Atmos. Res.,* **91**, 140-152.

Wright, S. M., B. J Howard, P. Strand, T. Nylén, M. A. KSickel (1999), Prediction of 137Cs deposition from atmospheric nuclear weapons tests within the Arctic, Envir. *Pollution,* **104**, 131-143.

column 2　雷のギネス記録

Guinness World record, https://www.guinnessworldrecords.com.

Section 3　各地のさまざまな「雷」

Q21　世界の雷分布は？

Christian, H., et al. (2003), Global frequency and distribution of lightning as observed from space by the Optical Transient Detector, *J. Geophys. Res. Atmos.,* **108**, ACL 4-1-ACL 4-15.

Albrecht, R. I, S. J. Goodman, D. E. Buechler, R. J. Blakeslee, and H. J. Christian (2016), Where Are the Lightning Hotspots on Earth?, *Bull. Am. Met. Soc.,* **97**, 2051-2068.

Goodman, S. J., D. E. Buechler, K. Knupp, K. Driscoll, E. W. McCaul Jr. (2000), The 1997-98 El Nino event and related wintertime lightning variations in the southeastern United States, *Geophys. Res. Lett.,* **27**, 541-544.

Turman, B. N. (1977), Detection of lightning superbolts, *J. Geophys. Res.,* **82**

(18), 2566-2568.

Holzworth, R. H., M. P. McCarthy, J. B. Brundell, A. R. Jacobson, C. J. Rodger (2019), Global Distribution of Superbolts, *J. Geophys. Res. Atmos.,* **124**, 9996-10005.

Peterson, M., M. W. Kirkland (2020), Revisiting the Detection of Optical Lightning Superbolts, *J. Geophys. Res. Atmos.,* **125**, e2020JD033377.

Q22　世界一雷が発生するのはどこ？

Albrecht, R. I, S. J. Goodman, D. E. Buechler, R. J. Blakeslee, and H. J. Christian (2016), Where Are the Lightning Hotspots on Earth?, *Bull. Am. Met. Soc.,* **97**, 2051-2068.

Bürgesser, R. E., M. G. Nicora, and E. E. Ávila (2012), Characterization of the lightning activity of "Relámpago del Catatumbo.", *J. Atmos. Sol.-Terr. Phys.,* **77**, 241-247.

Guinness World record, https://www.guinnessworldrecords.com

Holle, R. L. and M. J. Murphy (2017), Lightning over Three Large Tropical Lakes and the Strait of Malacca: Exploratory Analyses, *Mon. Wea. Rev.,* **145**, 4559-4573.

Munoz, A. G., J. Diaz-Lobaton, X. Chourio, M. J. Stock (2016), Seasonal prediction of lightning activity in North Western Venezuela: Large-scale versus local drivers, *Atmos. Res.,* **172**, 147-162.

Williams, E. R., K. Rothkin, D. Stevenson, D. Boccippio (2000), Global lightning variations caused by changes in thunderstorm flash rate and by changes in the number of thunderstorms, *J. Applied Meteorology,* **39**, 2223-2230.

Q23　日本では年間に雷はどれくらい発生しているの？

Blitzortung.org , https://www.blitzortung.org/

Ishii, K., S. Hayashi, and F. Fujibe (2014), Statistical Analysis of Temporal and Spatial Distributions of Cloud-to-Ground Lightning in Japan from 2002 to 2008, *J. Atmos. Electricity,* **34**, 79-86.

Shindo, T. (2010), Lightning occurrence data observed with lightning location systems of electric power companies in Japan: 1992-2008, *Proc. 30th Int. Conf. Lightning Protection* (*ICLP*).

Q24　雷が起こる季節は？

Takeuchi T., M. Nakano, M. Nagatani, and H. Nakata (1973), On lightning discharges in winter thunderstorms, *J. Met. Soc. Japan,* 51, 494-496.

合本俳句歳時記　第五版 (2019)，角川書店，pp.1200.

鶴島大樹，境田清隆，本間規泰（2014），東北・北陸地方日本海側における寒候期雷活動の気候学的特徴，*季刊地理学*，**65**, 4, 189-206.

東北地域冬季雷害様相調査検討委員会（2013），東北地域の冬季雷被害に関する調査報告（2010 年 10 月～ 2013 年 8 月），電気設備学会東北支部.

東北地域冬季雷害様相調査検討委員会（2019），東北地域の冬季雷被害に関する調査報告（2014 年 10 月～ 2019 年 4 月），電気設備学会東北支部.

孫野長治（1982），降水の物理と大気電気，*天気*，**29**, 5, 491-508.

Q25　夏の雷と冬の雷，違いはあるの？

Takeuchi, T., and M. Nakano (1977), On lightning discharges in winter thunderstorm, Electrical Processes in Atmospheres, edited by H. Dolezalek, and R. Reiter, Steinkopff, *Darmstadt, Germany*, 614-617.

北川信一郎（2001），雷と雷雲の科学―雷から身を守るには―，森北出版，pp. 160.

竹内利雄，中野寛（1983），北陸における冬の雷の研究，*天気*，**30**, 13-18.

Q26　雷は昔に比べて増えている？　減っている？

Asfur, M., J. Silverman and C. Price (2020), Ocean acidification may be increasing the intensity of lightning over the oceans, *Sci. Rep,* **10**, 21847.

Kitagawa, N. (1989), Long-term variations in thunder-day frequencies in Japan, *J. Geophys. Res.,* **94**, D11, 13183-13189.

Miyahara, H., R. Kataoka, T. Mikami, M. Zaiki, J. Hirano, M. Yoshimura, Y. Aono, and K. Iwahashi (2018), Solar rotational cycle in lightning activity in Japan during the 18-19th centuries, *Ann. Geophys.,* **36**, 633-640.

Romps, D. M., J. T. Seeley, D. Vollaro, J. Molinari (2014), Projected increase in lightning strikes in the United States due to global warming, *Science,* **346**, 851-854.

Williams, E. (1992), The Schumann Resonance: A Global Tropical Thermometer, *Science,* **256**, 1184-1187.

吉田弘（2002），日本列島における雷日数の地理的分布とその長期的傾向，*天気*，**49**, 279-285.

福眞吉美（2018），弘前藩庁日記ひろひよみ【御国・江戸】＜ CD-ROM ＞―気象・災害等の記述を中心に―，北方新社.

財城真寿美，三上岳彦（2013），東京における江戸時代以降の気候変動，*地学雑誌*，**122**, 1010-1019.

高田吉治，青柳秀夫（2010），日本海側における冬季雷の増加傾向について，*風力エネルギー利用シンポジウム*，**32**, 147-150.

Q27 南極では雷が発生しないって本当？

Holzworth, R. H., J. B. Brundell, M. P. McCarthy, A. R. Jacobson, C. J. Rodger, T. S. Anderson (2021), Lightning in the Arctic, *Geophys. Res. Lett.*, **48**, e2020GL 091366.

Minamoto, Y., M. Kamogawa, A. Kadokura, S. Omiya, M. Sato (2021), Origin of the intense positive and moderate negative atmospheric electric field variations measured during and after Antarctic blizzards, submitted to Atmos. Res.

Yusop, N., et al. (2019), Cloud-to-Ground lightning observations over the Western Antarctic region, *Polar Science*, **20**, 84-91.

村永孝次 (1974)，極地方の自然雑音について，電波研究所季報，**20**, 281-298.

片岡龍峰 (2015)，オーロラ！，岩波書店，pp. 128.

Q28 火山噴火と一緒に雷が発生しているって本当？

Arason, P., A. J. Bennett, and L. E. Burgin, (2011), Charge mechanism of volcanic lightning revealed during the 2010 eruption of Eyjafjallajökull, *J. Geophys. Res.*, **116**, B00C03.

McNutt, S. R. and E. R. Williams (2010), Volcanic lightning: global observations and constraints on source mechanisms, *Bull. Volcanol.*, **72**, 1153-1167.

Schultz, C. J., V. P. Andrews, K. D. Genareau, and A R. Naeger (2020), Observations of lightning in relation to transitions in volcanic activity during the 3 June 2018 Fuego Eruption, *Sci. Rep*, **10**, 18015.

Sigurdsson, H., B. Houghton, S. McNutt, H. Rymer, J. Stix (2015), Volcanic Lighting, in *The Encyclopedia of Volcanoes 2nd edition*, chap.62, 1059-1067 Academic Press.

Q29 地震と雷は関係あるの？

Galli, I. (1910), Raccolta e classificazione di fenomeni luminosi osservatinei terremoti, *Boll. della Soc. Sismol. Ital. XIV*, 221-448.

Heraud, J. A. and J. A. Lira (2011), Co-seismic luminescence in Lima, 150 km from the epicenter of the Pisco, Peru earthquake of 15 August 2007, *Nat. Hazards Earth Syst. Sci.*, **11**, 1025-1036.

Terada, T. (1931), Earthquake and Thunderstorm, *Bull. Earthquake Res. Inst. Tokyo Imperial Univ.*, **9**, 387-397.

安井 豊 (1968)，地震に伴う発光現象に関する調査報告，*地磁気観測所要報*，**13**, 25-61.

野田洋一，鴨川仁，長尾年恭 (2012)，2001 年 4 月 3 日に発生した静岡県中部の地震（M 5.3）に伴う発光現象について，*東海大学海洋研究所研究報告*，

33, 23-30.

Q30　火の玉は実在するの？

Cen, J., P. Yuan, and S. Xue (2014), Observation of the Optical and Spectral Characteristics of Ball Lightning, *Phys. Rev. Lett.* **112**, 035001.

Hartwig, G. (1875), The Aerial World: a popular account of the phenomena and life of the atmosphere, *D. Appleton, and Co. New York*, pp. 566.

Ohtsuki, Y. H. (1989), Science of Ball Lightning: Tokyo, Japan, 4-6 July 1988 (Fire Ball), *World Scientific Pub Co Inc*, pp. 352.

Ohtsuki, Y. H., H. Ofuruton (1991), Plasma fireballs formed by microwave interference in air, *Nature*, **350**, 139-141.

Stenhoff, M. (2010), Ball Lightning: An Unsolved Problem in Atmospheric Physics, Sprinter, pp. 368.

Uman, M. A. (2012), Lightning, Dover Publications, pp. 324.

Q31　世界の雷活動と地表の静電気はつながっているの？

Harrison, R. G. (2013), The Carnegie Curve, *Surv. Geophys.*, **34**, 209-232.

Markson, R. (2007), The global circuit intensity: Its measurement and variation over the last 50 years, *Bull. Am. Met. Soc.*, **88**(2), 223-242.

Williams, E. R. (2009), The global electrical circuit: A review, *Atmos. Res.*, **91**, 140-152.

Q32　宇宙に雷はあるの？

Chen, A. B., et al. (2008), Global distributions and occurrence rates of transient luminous events, *J. Geophys. Res.*, **113**, A08306.

Franz, R. C., R. J. Nemzek, J. R. Winckler (1990), Television Image of a Large Upward Electrical Discharge Above a Thunderstorm System, *Science*, **249**, 48-51.

Fukunishi, H., Y. Takahashi, M. Kubota, K. Sakanoi, U. S. Inan, W. A. Lyons (1996), Elves: Lightning-induced transient luminous events in the lower ionosphere, *Geophys. Res. Lett.*, **23**, 2157-2160.

Rodger, C. J. (1999), Red sprites, upward lightning, and VLF perturbations, *Rev. Geophys.*, **37**, 317-336.

Wilson, C. T. R. (1924), The electric field of a thundercloud and some of its effects, *Proc. Phys. Soc. London*, **37**, 32D.

Q33　雷は地球以外の惑星でも発生するの？

Cartier, K. M. S. (2020), Planetary lightning: Same physics, distant worlds, *Eos*, 101.

Brown, S., et al. (2018), Prevalent lightning sferics at 600 megahertz near

Jupiter's poles, *Nature,* **558**, 87-90.

Giles, R. S., et al. (2020), Possible Transient Luminous Events Observed in Jupiter's Upper Atmosphere, *J. Geophys. Res.,* **125**, e2020JE006659.

Kolmašová, I., et al. (2018), Discovery of rapid whistlers close to Jupiter implying lightning rates similar to those on Earth, *Nature Astronomy,* **2**, 544-548.

Imai, M., et al. (2019), Evidence for low density holes in Jupiter's ionosphere, *Nature Comm.* **10**, 2751.

Q34 生命の起源には雷が関係しているの？

Miller, S. L. (1953), A Production of Amino Acids Under Possible Primitive Earth Conditions, *Science,* **117**, 528-529.

Miller, S. L., H. C. Urey (1959), Organic Compound Synthes on the Primitive Earth, *Science,* **130**, 245-251.

Kitada, N., and S. Maruyama (2018), Origins of building blocks of life: A review, *Geoscience Frontiers,* **9**, 1117-1153.

Harada, K., T. Iwasaki (1974), Syntheses of amino acids from aliphatic carboxylic acid glow discharge electrolysis, *Nature,* **250**, 426-428.

column 3 雷の口笛

早川正士 (2018)，電波の疑問 50 —電波はスマホ, Wi-Fi, GPS にも必要？—（みんなが知りたいシリーズ 11），成山堂書店，pp. 208.

Section 4 「雷」から身を守る，モノを守る

Q35 落雷しやすい場所は？

雷から身を守るには —安全対策 Q&A — 改訂版 (2001)，日本大気電気学会，pp. 56.

超高構造物における雷撃特性調査研究委員会 (2020)，東京スカイツリーで観測された落雷の特性，電気設備学会誌，**40**, 3, 198-202.

Q36 雷に撃たれたらどうなるの？

大橋正次郎 (2008)，雷撃症— 1983 年以降の調査と 1986 年以後の実験—，本の泉社，pp. 226

北川信一郎 (1992)，人体への落雷と安全対策，天気，**39**, 189-198.

北川信一郎 (2001)，雷と雷雲の科学—雷から身を守るには—，森北出版，pp. 160.

Q37 建物や車は落雷しても安全なの？

Q38 飛行機は落雷しても安全なの？

Rakov, V. A., and M. A. Uman (2003), Lightning and airborne vehicles, *in Lightning: Physics and Effects*, chap.10, pp. 346-373, Cambridge Univ. Press, Cambridge, U. K.

Yoshikawa, E. and T. Ushio (2019), Tactical decision-making support information for aircraft lightning avoidance: Feasibility study in area of winter lightning, *Bull. Am. Met. Soc.*, **100**, 1443-1452.

Q39 遠くで雷鳴。避難のタイミングは？

Q40 近くに逃げ込める場所がない時はどうすればいいの？

雷から身を守るには ―安全対策 Q&A ― 改訂版（2001），日本大気電気学会，pp. 56.

北川信一郎（2001），雷と雷雲の科学―雷から身を守るには―，森北出版，pp. 160.

Q41 落雷による被害者数や被害額は？

大橋正次郎（2008），雷撃症― 1983 年以降の調査と 1986 年以後の実験―，本の泉社，pp. 226.

警察白書.

重要文化財等の雷保護調査委員会（2013），重要文化財に関連する建造物の雷保護調査報告書，*電気設備学会誌*，**34**, 2, 125-131.

電気学会技術報告書（2007），情報・通信・電力基盤における雷害リスクマネージメントと協調調査報告．56-57.

雷保護実態調査分科会（2011），日本及び世界主要国の実態調査　自然の驚異「雷被害」，日本雷保護システム工業会，pp. 75.

Q42 避雷針の仕組みや効果は？

JIS A 4201（2003）.

建築基準法　第 33 条.

消防法，火薬取締法.

Q43 雷サージって何？

株式会社 サンコーシヤ（2020），スッキリ！がってん！雷サージの本，電気書院，pp. 142.

橋本信雄（2000），雷とサージ―発生のしくみから被害防止まで―，電気書院，pp. 170.

Q44 電力，通信，鉄道などインフラの雷対策は？

Q45 家庭やオフィスの電化製品に有効な雷対策は？

音羽電機工業株式会社創業 60 周年記念出版委員会（2006），よくわかる雷対策の基本と技術，日刊建設通信新聞社，pp. 140.

雷害対策設計ガイド編集委員会（2016），雷害対策設計ガイド（改訂版），日

　　本雷保護システム工業会, pp. 324.
column 4　日本最古の避雷針
　尾山神社, http://www.oyama-jinja.or.jp/about/map.html

Section 5　「雷」に関するいろいろな技術

Q46　落雷の場所はどうやってわかるの？

Rakov, V. A., and M. A. Uman (2003), Lightning locating systems, *in Lightning: Physics and Effects*, chap.17, pp. 555-587 Cambridge Univ. Press, Cambridge, U. K.

Yoshida, S., T. Wu, T. Ushio, K. Kusunoki, and Y. Nakamura (2014), Initial results of LF sensor network for lightning observation and characteristics of lightning emission in LF band, *J. Geophys. Res. Atmos.*, **119**, 12034-12051.

気象庁, 雷ナウキャスト, https://www.jma.go.jp/bosai/nowc/#lat:34.578952/lon:137.131348/zoom:5/colordepth:deep/elements:thns&liden

Q47　雷は宇宙からも観測されているの？

Blakeslee R. J., et al. (2018), Lightning imaging sensor (LIS) on the International Space Station (ISS): Assessments and results from first year operations, *16th International Conference on Atmospheric Electricity*, Nara, Japan.

Boccippio D. J., S. J. Goodman, S. Heckman (2000), Regional difference in tropical lightning distributions, *J. Applied Meteorology*, **39**, 2231-224.

Cecil D. J., D. E. Buechler, R. J. Blakeslee (2014), Gridded lightning climatology from TRMM-LIS and OTD: Dataset description, *Atmos. Res.*, **135-136**, 404-414.

Christian, H., et al. (2003), Global frequency and distribution of lightning as observed from space by the Optical Transient Detector, *J. Geophys. Res. Atmos.*, **108**, ACL 4-1-ACL 4-15.

Jacobson, A. R., S. O. Knox, R. Frenz, D. C. Enemark (1999), FORTE observations of lightning radio-frequency signatures: Capabilities and basic results, *Radio Sci.*, **34**, 337-354.

Morimoto, T., et al. (2016), An overview of VHF lightning observations by digital interferometry from ISS/ JEM-GLIMS, *Earth, Planets Space*, **68**, 145, doi:10.1186/s40623-016-0522-1

Morimoto T., et al. (2017), Lightning observations of a small satellite "Maido-1" and the study on recorded VHF waveforms, *J. Atmos. Electricity*,

36, 2, 39-53.

Zelenyi, L. M., et al. (2014), The academic Chibis-M microsatellite, *Cosmic Res.,* **52**, 87-98.

上瀧實，栗城功，加藤仲夏（1984），電離層の上側における短波帯電波雑音，*電子情報通信学会論文誌 B,* **J67-B**, 1, 9-16.

Q48　雷の発生予測はできるの？

文部科学省（2013），学校防災のための参考資料「生きる力」を育む防災教育の展開.

気象庁，雷警報・注意報, https://www.jma.go.jp//bosai/map.html#5/34.5/137/&elem=all&contents=warning

気象庁，雷ナウキャスト, https://www.jma.go.jp/bosai/nowc/#lat:34.578952/lon:137.131348/zoom:5/colordepth:deep/elements:thns&liden

Boltek，フィールドミル, https://www.boltek.com/product/efm-100c-electric-field-monitor

Q49　雷から気象災害予測はできるの？

Goss, H. (2020), Lightning research flashes forward, *Eos,* **101**, 2020EO142805.

Nishihashi, M., K. Arai, C. Fujiwara, W. Mashiko, S. Yoshida, S. Hayashi, and K. Kusunoki (2015), Characteristics of Lightning Jumps Associated with a Tornadic Supercell on 2 September 2013, *SOLA,* **11**, 18-22.

Williams, E., B. Boldi, A. Matlin, M. Weber, S. Hodanish, D. Sharp, S. Goodman, R. Raghavan, and D. Buechler (1999), The behavior of total lightning activity in severe Florida thunderstorms., *Atmos. Res.,* **51**, 245-265.

Q50　雷を狙った場所に落とせるの？

Rakov, V. A. (2014), Rocket-and-wire triggered lightning experiments: A review and update, *Proc. 2014 Int. Conf. Lightning Protection* (ICLP).

Unam M. A., et al. (1997), Triggered-lightning experiments at Camp Blanding, Florida (1993-1995), *Trans. on IEEJ,* **117-B**, 4, 446-452.

島田義則他（1999），冬季雷におけるレーザー実誘雷実験，*電気学会論文誌 A,* **119-7**. 990-996.

島田義則，内田成明（2006），レーザー誘雷，*プラズマ・核融合学会誌,* **82**, Supply., 181-185.

堀井憲爾，角紳一（1997），ロケット誘雷技術と観測データ，*電気学会論文誌 B,* **117-4**, 441-445.

堀井憲爾（1990），雷は制御できるか？―ロケット誘雷など―，*電気学会誌,* **110-1**, 21-25.

Q51　雷は人工的に作れるの？

河野照哉（1994），新版 高電圧工学，朝倉書店, pp. 165.

日高邦彦（2009），高電圧工学，数理工学社, pp. 277.

Q52　雷のエネルギーをためて使えるの？

Rakov, V. A., and M. A. Uman（2003），Introdcution, *in Lightning: Physics and Effects*, chap.1, pp. 1-23, Cambridge Univ. Press, Cambridge, U. K.

電気事業連合会，日本の消費電力，https://www.fepc.or.jp/smp/enterprise/jigyou/japan/index.html

Section 6　「雷」にまつわる歴史と文化

Q53　昔はどのように雷の研究を進めていたの？

中谷宇吉郎（1941），雷の話 雷の電気はどうして起るか, pp. 231，岩波書店.

Q54　雷を含むことわざはどういうものがあるの？

吉本文夫, 南哲（2004），「故事・俗信及び諺」にみる「防災の安全観」に関する一考察，安全教育学研究, **4**, 3-27.

尚学図書（編さん）（1982），故事・俗信ことわざ大辞典，小学館, pp. 1998.

Q55　雷が多いと豊作になるというのは本当？

新藤孝敏（2018），雷をひもとけば 神話から最新の避雷対策まで，電気学会, pp. 172.

佐竹研一（2010），地球環境に附加される自然起源と人為起源の窒素化合物（窒素汚染と大気・水環境），地球環境, **15**（2），97-102.

プルタルコス，松本 仁助（翻訳）（2012），モラリア 8（西洋古典叢書），京都大学出版会, pp. 512.

Takaki, K., N. Hayashi., D. Wang., T. Oshima（2019），High-voltage technologies for agriculture and food processing, *J. Phys. D: Appl. Phys.*, **52**, 473001.

Shimizu, H., T. Hiraguri, M. Kimoto, K. Ota, T. Shindo, Y. Hoshino, and K. Takaki（2020），Stimulatory growth effect of lightning strikes applied in the vicinity of shiitake mushroom bed logs. *J. Phys. D: Appl. Phys.*, **53**, 204002.

Hunting, E. R., et al.（2021），Challenges in coupling atmospheric electricity with biological systems., *Int. J. Biometeorol.*, **65**, 45-58.

Fowler, D., et al.（2015），Effects of global change during the 21st century on the nitrogen cycle, *Atmos. Chem. Phys.*, **15**, 13849-13893.

Q56　雷をきれいに撮りたい！

新藤孝敏（2018），雷観測今昔ものがたり―フランクリンの凧から東京スカイツリーまで―，電気学会誌, **138**, 815-818.

Aizawa, K., C. Cimarelli, M. A. Alatorre-Ibargüengoitia, A. Yokoo, D. B. Dingwell,

Masato Iguchi (2016), Physical properties of volcanic lightning: Constraints from magnetotelluric and video observations at Sakurajima volcano, Japan, *Earth Planet. Sci. Lett.,* **444**, 45–55.

ソノタコドットコム, https://sonotaco.com/

column 5　雷とおへそ

青柳智之 (2007), 雷の民俗, 大河書房, pp. 250.

宅間正夫 (2006), 雷さんと私, 三月書房, pp. 238.

索 引 ————————

【欧文索引】 ＊和欧混合含む。

Ball lightning 99
Blitzortung.org 76
Geostationary Lightning Mapper
　　　35,159
GLIMS 160
GLM 159
Global Lightning and Sprite
　　　Measurements 160
Lightning Imaging Sensor 158
Lightning Jump 166
LIS 158
mega flash 35
Optical Transient Detector 160
OTD 158
SPD 149
sprite 107
Superbolt 71
Surge protective device 149
Terrestrial gamma-ray flash 62
TGF 62,63
TRMM 70,158
Tropical Rainfall Measuring Mission
　　　160
upward lightning 32
whistler 116
World Wide Lightning Location
　　　Network 67,157
WWLLN 66
X 線 62

【和文索引】

〔あ行〕

アース 55,124
あかつき 111
アミノ酸 114
霰 5,93
アレスタ 150
アンペールの法則 142
イオン化 65
一発雷 83
稲妻 79,188
稲光 4,47,79,124
異方性 124
色温度 47
陰イオン 2
インパルス電圧発生器 174
引力 14
ウィルソン 107,181
ウィルソン電流 58
宇宙 57
宇宙線 16,65
上向き正極性雷放電 17
上向き負極性雷放電 17
上向き雷放電 4,17,32,82
エルニーニョ現象 71
エルブス 107
沿面 122
沿面火花放電 122
沿面フラッシュオーバー 122
沿面放電 59,121
オーロラ 21,88
オゾン 53
お迎えリーダ 5,24,118

〔か行〕

夏季雷 79,82
架空地線 133,146
下降気流 7,165

火山雷　4,92
カスケードシャワー　16
カタトゥンボの灯台　73
雷警報・注意報　163
雷ナウキャスト　164,192
雷日数　85
雷発電装置　176
過冷却水　9
ガンマ線　62
寒雷　79
気候変動　85
逆フラッシュオーバー　146
逆流雷サージ　142
球電　22,99
球雷　22,99
共鳴　106
巨大ジェット　46,108
クーロン　10
屈折　51
雲放電　4,17,41
雲水　9
グローバルサーキット　66,105
警察白書　136
高高度放電発光現象　108
降霰　165
降雹　165
ことわざ　185

〔さ行〕

サージプロテクタ　150
サージ保護デバイス　149
三重極構造　19
地震発光　22,95
地吹雪　91
ジャイアンティックジェット　108
自由対流圏高度　66
シューマン共振　66,85,106
瞬低　138,148
春雷　79
衝撃波　50
上昇気流　7

ショートバースト　63
シンプソン　180
スーパーボルト　71,82
ステップトリーダ　5,23,29
ストームチェイサー　191
スパイダーライトニング　45
スプライト　107
スペースリーダ　29
静電気　90,103
晴天の霹靂　17,45,187
静電ポテンシャル　144
生命の起源　114
正リーダ　23
斥力　2,14
絶縁破壊　5,14,173
接地　55,90
全地球電気回路　57,66,104
潜熱　9,39,178
閃雷岩　59
側撃　133

〔た行〕

耐雷トランス　149
ダウンバースト　165
ダストストーム　112
地球温暖化　85
地磁気　103
窒素　188
窒素固定　188
窒素酸化物　53,188
地電流　57
着氷電荷分離機構　10,183
中和　3,26
直接雷サージ　142
電荷　2
電界　14,118
電荷構造　13,41
電荷量　2,10
電子　2
電子雪崩　14
電磁波　21,62,116

天然放射性元素　62,65
電紋　121
電離圏　57,107
冬季雷　78,79,82
逃走絶縁破壊理論　15,64
到達時間差法　154
突風　165

〔は行〕

比熱　70
火の玉　22,99
火花放電　173
雹　9
氷晶　5
避雷針　55,139,152
弘前藩庁日記　86
ファラデーケージ　124
フィールドミル　164
物質の三態　20
物質の第四の状態　20
部分沿面放電　121
フラクタル構造　59
プラズマ　5,20,24,41
フランクリン　103,139,152,180
フランクリンロッド　139
負リーダ　23
鰰おこし　79
ブルージェット　108
ブルースターター　108
フルグライト　60
分光観測　47
ヘイロー　108
ホイスラ　116
放射線　62
放電発光現象　108

放電雷　4
ポケット正電荷領域　12
保護角　119,140
ホットスポット　70,76

〔ま行・や行〕

マイクロバースト　165
松代群発地震　95
マラカイボ湖　73
右ねじ（右手）の法則　142
メイン正電荷領域　12
メイン負電荷領域　12
メガフラッシュ　35
誘導雷サージ　142
誘雷　168
雪おこし　79
陽イオン　2
陽子　2

〔ら行・わ行〕

雷管石　60
雷サージ　126,137,142
雷電流　47,142
雷鳴　124,130,165
落雷　4,17
リーダ　5,23
リターンストローク　22,26
リヒテンベルク図形　59
レーザー誘雷　4,168
レナード効果　180
連続電流　28
ロケット誘雷　4,129,168
ロングバースト　63
惑星　110

執 筆 者 略 歴

鴨川　仁（かもがわ　まさし）

1971 年，横浜市生まれ。静岡県立大学グローバル地域センター地震予知部門特任准教授。早稲田大学理工学研究科物理学及応用物理学専攻修了。博士（理学）。専門は，大気電気学，地球電磁気学，物理教育。現在，認定 NPO 法人富士山測候所を活用する会専務理事・事務局長及び認定 NPO 法人大学宇宙工学コンソーシアム（UNISEC）理事。

吉田　智（よしだ　さとる）

1977 年，大阪府生まれ。気象庁気象研究所主任研究官。大阪大学大学院工学研究科電気電子情報工学専攻修了，博士（工学）。専門は，電磁波リモートセンシング，気象学，大気電気学。雷放電の観測技術に関する研究を進めるとともに，水蒸気ライダーの開発やデータ同化を用いた線状降水帯の研究に従事。

森本　健志（もりもと　たけし）

1977 年，奈良県生まれ。近畿大学理工学部教授。大阪大学大学院工学研究科通信工学専攻修了，博士（工学）。専門は，大気電気学，リモートセンシング工学。電磁波を用いた雷放電観測装置の開発と，これを用いた雷放電物理に関する研究に従事。宇宙からの雷観測ミッションの経験を有し，2021 年現在日本で唯一ロケット誘雷を行っている。

みんなが知りたいシリーズ⑯

雷の疑問 56

定価はカバーに表示してあります。

2021 年 8 月 28 日　初版発行

共著者　　鴨川　仁・吉田　智・森本健志
発行者　　小川　典子
印　刷　　三和印刷株式会社
製　本　　東京美術紙工協業組合

発行所　株式 成山堂書店

〒160-0012 東京都新宿区南元町 4 番 51 成山堂ビル

TEL：03（3357）5861　　FAX：03（3357）5867
URL　http://www.seizando.co.jp

落丁・乱丁本はお取り換えいたしますので，小社営業チーム宛にお送りください。

Ⓒ 2021　Masashi Kamogawa, Satoru Yoshida, Takeshi Morimoto
Printed in Japan

ISBN978-4-425-98391-9

ソボクなギモンにこの1冊！

成

好評
発売中！

「みんなが知りたい」
シリーズ ①〜⑯

なるやま君

シリーズ総計 **747** の疑問に解答　充実のラインナップ！

ふつうに食べている"魚"は無限の資源ではない。"魚"をサスティナブルに利用するために、今知っておくべきことって何だろう？

みんなが知りたいシリーズ⑮
魚の疑問 50
高橋正征　著
四六判・1,800 円

見えないところで大活躍！？乳酸菌の謎と不思議に迫る50のクエスチョン、乳酸菌をよく知りワンランク上の腸活を目指せ！

みんなが知りたいシリーズ⑭
乳酸菌の疑問 50
日本乳酸菌学会　編
四六判・1,800 円

湖や川の水と何かが違う！？地下水・湧水の不思議に迫る、50 のクエスチョンと 10 のトピックス！

みんなが知りたいシリーズ⑬
地下水・湧水の疑問 50
日本地下水学会　編
四六判・1,800 円

ユネスコ無形文化遺産に登録された『和食』を影で支える発酵調味料や発酵食品に関する疑問に答える。

みんなが知りたいシリーズ⑫
発酵・醸造の疑問 50
東京農業大学
応用生物科学部醸造科学科　編
四六判・1,600 円

たくさんの不思議が水草の魅力！最前線で活躍する 6 人の著者が答える 50 問。

みんなが知りたいシリーズ⑩
水草の疑問 50
筑波実験植物園　田中法生　監修
水草保全ネットワーク　著
四六判・1,600 円

クジラ・イルカの生態から文化まで、17 名の専門家が Q&A でわかりやすく解説！

みんなが知りたいシリーズ⑨
クジラ・イルカの
疑問 50
加藤秀弘・中村 玄　編著
四六判・1,600 円

注目の放射性エアロゾルについて、3 名の専門家がくわしく解説！

みんなが知りたいシリーズ⑥
空気中に浮遊する
放射性物質の疑問 25
—放射性エアロゾルとは—
日本エアロゾル学会　編
四六判・1,600 円

23 名の専門家がわかりやすく回答。読めばあなたもエビ・カニ博士！

みんなが知りたいシリーズ⑤
エビ・カニの疑問 50
日本甲殻類学会　編
四六判・1,600 円

29 名の専門家がていねいに回答。読めば海博士になれること間違いなし！

みんなが知りたいシリーズ④
海水の疑問 50
日本海水学会　編
四六判・1,600 円

■定価は本体価格（税別）　　　　　　　　　　　　　　■総合図書目録無料進呈